W0229013

So fühlt mein Hund sich wohl

Dr. GISELA FRITSCHE

Liebevolle Pflege
Gesunde Ernährung
Spiel und Sport
Wohltuende Massage
Sanfte Heilmethoden

blv

Den Hund verstehen lernen 6

Wohlfühlen ist auch für vierbeinige Freunde wichtig 7

Körpersprache 7

Beschwichtigungs-verhalten 14

Ein hundegerechter Lieblingsplatz 16

Was ich zu Hause tun kann 18

Vernünftige Beschäftigung macht ausgeglichen 19

Liebevolle Fellpflege – eine Wohltat 24

Behutsame Pflege von Augen, Ohren und Zähnen 28

Massage und Tellington TTouch 32

Das macht dem Hund draußen Spaß 34

Spiel und Spaß für Hund und Halter 35

Spannende Spaziergänge 44

Begleitung beim Sport 50

In der Hundeschule 62

Ein angstfreies Hundeleben 66

Damit Autofahren keine Probleme macht 67

Kein Stress beim Tierarztbesuch 70

Wenn es kracht und knallt – Silvester 74

Wie Fressen zum Erlebnis wird 76

Abwechslungsreiche Ernährung ist wichtig 77

Selbstgekochtes Futter mit frischen Zutaten 79

Ergänzungsfuttermittel 81

Leckerlis – wann
und wie viel? 82

Schonkost für alte oder
kranke Hunde 84

**Sanfte Hilfe bei
Erkrankungen und
Verletzungen 89**

Welche Hausmittel
sind auch bei Hunden
sinnvoll? 90

Homöopathische
Arzneimittel 93

Bachblütentherapie bei
Hunden 95

**Die ersten Wochen
mit einem Welpen 98**

Gewöhnung an das eigene
Halsband und die Leine 99

Spaziergänge mit
Welpen 102

Sozialkontakte mit
anderen Hunden 104

Spiele zum Wohlfühlen 105

Erste Regeln lernen 108

**Angemessener
Umgang mit
Hundesenioren 112**

Altersbedingte Schwächen
respektieren 113

Unterstützende
Nahrungsergänzung 117

Wenn die Spaziergänge
ruhiger werden … 118

Geistig fordern durch
schonendes Spielen 120

Adressen   125
Literatur   125
Register   126

Den Hund
verstehen lernen

Wohlfühlen ist auch für vierbeinige Freunde wichtig

Das Vertrauen eines Hundes in seinen Besitzer ist ein kostbares Geschenk, das wir sein Hundeleben lang nicht enttäuschen dürfen. Seien Sie sich dieser Verantwortung immer bewusst und versuchen Sie, alles zu tun, um Ihren Hund und seine Bedürfnisse kennen zu lernen. Nur ein artgerechter Umgang mit dem Hund, bei dem sein Bedürfnis nach Bewegung und Beschäftigung befriedigt wird, verhindert unangenehme Verhaltensstörungen – die in den allermeisten Fällen Zeichen für ein fehlerhaftes Verhalten des Menschen sind.

Ich hoffe, Sie haben genügend Zeit, um mit Ihrem Hund täglich 1-2 Stunden spazieren gehen zu können, mit ihm zu spielen und ihn zu pflegen. Der Hund ist und bleibt ein Lauftier und möchte sich viel bewegen, und ein Garten ersetzt keinen Spaziergang und keine Beschäftigung. Beim Spaziergang setzt sich Ihr Hund ständig mit neuen Einflüssen auseinander. Er wittert Spuren, begegnet anderen Menschen und Hunden und lernt so seine Umwelt kennen.

Ein Hund ist ein treuer und anhänglicher Begleiter, der niemals schlechte Laune hat und das Zusammensein mit Ihnen genießt. Ihr Vierbeiner soll sich bei Ihnen wohlfühlen, und dieses Buch will Ihnen helfen, das zu erreichen – damit Sie harmonisch und ohne Missverständnisse mit Ihrem Hund leben können.

Körpersprache

Gerade wenn man einen Hund noch nicht lange hat, ist das Spazierengehen mitunter ein wenig angstbesetzt. Bei Begegnungen mit anderen Hunden ist Ihnen vielleicht sogar richtig mulmig zumute. Hoffentlich gibt es keine Rauferei! Sie sind unsicher und wissen nicht, wie Sie sich verhalten sollen. Sie kennen den eigenen Hund noch nicht so gut und können die Reaktion des anderen Hundes schon gar nicht einschätzen. Ruhe bewahren, sagen erfahrene Hundetrainer. Aber das ist leichter gesagt als getan.

Beide Hunde begegnen sich mit deutlichem Imponiergehabe. Sie stehen sich aufrecht gegenüber, Kopf und Rute werden hoch getragen.

Die wenigsten Hunde sind gleich aggressive Beißer, sondern versuchen vielmehr, einem möglichen Konflikt aus dem Weg zu gehen. Bemühen Sie sich, bei einer Begegnung mit anderen Hunden Ihre eigene Angst und Unsicherheit zu zügeln.

Lassen Sie uns dazu zunächst die vielfältige Körpersprache des Hundes verstehen, die seine Stimmung deutlich widerspiegelt. Nur so können Sie die potenzielle Gefährlichkeit einer Begegnung mit fremden Hunden erkennen und richtig einschätzen. In den meisten Fällen ist die Sorge überflüssig.

Normales Sozialverhalten

Ein Welpe, der in eine neue Familie kommt oder einem fremden Hund begegnet, ist ängstlich und unsicher. Er macht sich ganz besonders klein und hilflos, damit der Mensch oder der fremde Hund ihn nicht angreift. Er legt die Ohren an, duckt sich und klemmt den Schwanz ein. Er winselt, leckt den anderen ab und legt sich auf den Rücken, um ihm seine Kehle zu zeigen. Gelegentlich schreit er sogar, bevor irgendetwas passiert ist, oder er setzt vor lauter Aufregung Urin ab. Mit all diesen Gesten hat er als Baby schon seine Mutter besänftigt, und jeder erwachsene Hund, der ein normales Sozialverhalten mit Artgenossen gelernt hat, wird die Unterwerfung anerkennen und ihm nichts tun.

Wer ist der Chef?

Gismo, ein kleiner Jack-Russel-Terrier-Rüde aus meiner Praxis, verhielt sich jedoch ganz anders. Er war extrem selbstbewusst, was ihm von jedem anderen Hund einen deutlichen Dämpfer eingebracht hätte. Er war wohl der Chef im Rudel seiner Geschwister gewesen. Mit seinen 12 Wochen stolzierte er mit hoch erhobenem Haupt und hoch getragenem Schwanz durch die Räume meiner Tierarztpraxis und schnupperte überall herum, sprang an jedem Menschen hoch und versuchte zu beißen. Die Besitzerin war schon ganz verzweifelt, weil er die Beißerei nicht lassen wollte. Sein Selbstbewusstsein glich fast einem Größenwahn und musste etwas gedämpft werden, damit man mit ihm umgehen konnte. Auf dem Untersuchungstisch biss er ständig in jede Hand, die ihn berührte. Für ihn war das ein tolles Spiel, für uns weniger.

Ein Griff an den Nacken verhinderte schließlich, dass er weiter um sich beißen konnte, und als er sich seiner misslichen Lage bewusst wurde, versuchte er mit heftigem Schreien mich zum

Die Hündin greift ihrem Welpen über den Fang und zeigt ihm so deutlich ihre Dominanz. So lernt der Welpe, sich unterzuordnen.

Loslassen zu bewegen. Ich hielt ihn jedoch noch einen Moment fest, und er begriff sofort, dass sein Schreien nichts nutzte. Schlagartig legte er die Ohren an, ließ den Schwanz hängen und konnte dann problemlos untersucht und behandelt werden. Er hatte begriffen,

Im Spiel miteinander lernen junge Hunde die Körpersprache mit allen Signalen von Dominanz und Unterwerfung.

dass er sich unterordnen musste, um dem Griff zu entrinnen. Wieder am Boden, kam er auf Zuruf mit angelegten Ohren auf mich zu, ließ sich streicheln und nahm eine Belohnung entgegen. Er hatte sehr schnell verstanden, wer der Chef war. Die Besitzerin war erstaunt, wie schnell sich ihr Hund unterordnete. Sie hatte den Nackengriff immer wieder angewendet, aber sofort losgelassen, wenn Gismo schrie, da sie befürchtete, ihm weh zu tun. Das hatte der schlaue Kerl sofort gelernt: einmal schreien, dann bin ich wieder frei und kann weitermachen wie bisher. So hatte ihn der Nackengriff kaum beeindruckt. Er musste lernen, dass er sich dem stärkeren Menschen unterordnen muss, um nicht am Nacken gegriffen zu werden. Das muss er als Welpe auch anderen Hunden gegenüber lernen, denn keiner lässt sich von einem 12-wöchigen Welpen auf Dauer provozieren. Für Gismo ist eine Welpenspielgruppe mit etwas älteren Welpen ratsam, da er dort häufig lernt, dass er nicht der Stärkste ist. Er muss sich dann genau überlegen, ob er auf jeden Hund zurennt, ihn anspringt und beißt. Wenn er ein paar Mal unterliegt, wird er diese Provokation lassen.

Durch Hochziehen der Lefzen und Zähnezeigen signalisiert der Setter deutlich, dass er seine Ruhe haben möchte.

Konfliktvermeidung

Auch ein älterer eher unterwürfiger Hund wird versuchen, einem Konflikt aus dem Weg zu gehen. Natürlich kann er nicht ganz kampflos das Feld räumen, aber er hat die Erfahrung gemacht, dass Welpenverhalten den Gegner besänftigt. Er droht zunächst, knurrt, sträubt das Rückenhaar und zeigt die Zähne, um den Gegner auf Distanz zu halten. Gleichzeitig verhält er sich wie ein Welpe, der sich ganz klein macht, indem er sich duckt, den Schwanz einklemmt und die Ohren nach hinten legt. Diese Mischung aus Drohen und Unterwerfung zeigt uns, wie unsicher er ist. Er vermeidet den direkten Blickkontakt, um die Begegnung möglichst ohne Beißerei zu beenden. Der Überlegene hat es nun nicht mehr nötig zuzubeißen. Er schnappt vielleicht in Richtung des Gegners in die Luft und wird mit mächtigem Imponiergehabe, das heißt mit hoch erhobenem Haupt und hoch getragener Rute, aufrecht weitergehen. Durch Harnabsetzen am nächsten Busch und Kratzen mit den Hinterbeinen markiert er und zeigt damit deutlich, wer der Stärkere ist, ohne dass es zu einem Kampf gekommen ist. Meine Hündin Cara war eine Meisterin in diesem Verhalten. Sie war ein ängstlicher und unterwürfiger Hund schon im Welpenrudel. Im Laufe ihres Lebens hat sie zwar an Selbstsicherheit gewonnen, aber sie versuchte immer, andere Hunde möglichst auf Distanz zu halten. Durch diese Mischung aus Knurren und Zähnezeigen mit gleichzeitigen Unterordnungsgesten löste sie jede brenzlige Situation ohne meine Hilfe. Die anderen Hunde verstanden, dass sie ängstlich war, und ließen sie in Ruhe. Einen unterwürfigen Hund muss man nicht noch mehr unterwerfen.

Spiel statt Kampf

Eine weitere Möglichkeit, einen Konflikt zu vermeiden, ist das gemeinsame Spielen. Besonders junge Hunde vor der Geschlechtsreife, aber auch verspielte ältere Hunde können so ihre Rangordnung ohne jeglichen Kampf klären. Zu Beginn rennt der Angreifer mit hopsenden Galopp- und Zickzacksprüngen und kreisender Rute auf den Gegner zu, schleudert den Kopf hin und her. Er macht so auf sich aufmerksam und zeigt gleichzeitig, dass er keine bösen Absichten hat. Er bremst unmittelbar vor dem anderen Hund, legt sich auf seine Vorderbeine und streckt das Hinterteil in die Höhe. Die beiden schauen sich direkt an, ohne zu knurren oder Zähne zu fletschen. Während uns bei dieser Attacke das Herz in die Hose rutscht, versteht unser Hund die Signale zur Spielaufforderung sofort. Wenn ein Hund mit diesen auffälligen Galopp- und Zickzacksprüngen auf Sie zukommt, brauchen Sie keine Angst haben, dass er Sie oder Ihren Hund angreift. In diesem Fall stimmt es wirklich, dass er nur spielen möchte. Wenn er nicht zu groß für Ihren Hund ist, sodass er ihn

Durch Aufforderung zum Spiel werden häufig Konflikte vermieden.

versehentlich durch seine Kraft und Körpermasse verletzen könnte, dürfen Sie beide unbesorgt miteinander toben lassen.
Jetzt geht ein wildes Jagd- und Verfolgungsspiel los. Beide Hunde rennen in großen Kreisen um uns herum, sie verfolgen sich gegenseitig und packen sich am Fell. Der Stärkere wirft den Schwächeren auf den Rücken und packt ihn am Hals, ohne ihn zu ver-

Die beiden Hunde schauen zunächst recht gefährlich aus, aber ihre Körpersprache zeigt, dass sie nur spielerisch raufen.

letzen. Im nächsten Augenblick löst sich das Knäuel aus Hundekörpern wieder auf, und es beginnt erneut eine wilde Jagd.

Es macht wirklich Spaß, die Freude beim Toben zu beobachten. Der aufmerksame Zuschauer erkennt die vielen unterschiedlichen Körpersignale der Hunde untereinander und lernt dabei seinen eigenen Hund besser kennen, ohne ernsthafte Verletzungen befürchten zu müssen. Ein paar kleine Kratzer durch Zähne oder Krallen sind natürlich schon mal drin, aber die lassen sich mit etwas Jodsalbe gut behandeln.

Wenn das Spiel zu wild wird oder einer von beiden ständig unterworfen wird und erschöpft ist, sollten wir die Hunde trennen, damit es nicht zu ernsthaften Verletzungen oder Herz-Kreislauf-Problemen kommt.

Diese Aufforderung zum Spiel können Sie auch immer wieder beobachten, wenn Hunde sich besonders sympathisch sind. Lachen Sie nicht! So etwas gibt es.

Meine Hündin Cara liebte Pipo, einen freundlichen jüngeren Cairn-Terrier-Rüden. Er war etwas schüchtern und zurückhaltend, und das fand sie wunderbar, denn so hatte sie vor ihm keine Angst. Wenn wir ihm beim Spaziergang begegneten, erkannte ich meinen sonst so zurückhaltenden und eher abweisenden Hund nicht mehr wieder. Mit freudigem Bellen sprang sie hüpfend auf ihn zu und tänzelte mit kreisender Rute vor ihm hin und her. Ab und zu stupste sie ihn mit ihrer Vorderpfote, damit er endlich mit ihr spielte. Pipo war viel kleiner als meine Hündin und empfand ihre Spielaufforderung als zu aufdringlich. Er ging meist an den nächsten Busch und hob das Bein und versuchte so elegant der Aufdringlichkeit zu entgehen. Cara verstand dann schnell, dass er keine Lust hatte zu toben. Sie lief noch ein Stückchen mit ihm mit und schnupperte an seinen Markierstellen, ließ ihn aber in Frieden.

Dominanz und Aggression

Wenn sich dominante Hunde begegnen, hat man allerdings zu Recht Angst um seinen Hund. Die Gegner drohen beide, und keiner will zunächst nachgeben. Es wird fürchterlich geknurrt und Zähne gefletscht, die Ohren stehen aufrecht, die Rute wird nach oben getragen, und beide laufen mit gesträubtem Rückenhaar und aufrechtem Gang umeinander herum. Man spürt die Spannung zwischen den beiden Kontrahenten. Noch versuchen sie durch Wegschauen dem Angriff zu entgehen und können in diesem Moment vielleicht durch einen energischen Befehl der Besitzer getrennt werden, doch wenn der Mutigere den Gegner direkt anschaut, kommt es zum Angriff. Der Kampf dauert in der Regel nur so lange, bis einer von beiden aufgibt. Der Stärkere wird den Verlierer im Regelfall laufen lassen. Leider gibt es jedoch auch immer wieder aggressive Hunde, die die Unterwerfung des Gegners nicht anerkennen und weiter zubeißen. Mit viel Mut und Glück können die Besitzer ihren Hund dann an der Rute oder an einem Hinterbein packen und wegziehen, um die Raufer zu trennen. Schläge mit Stöcken sind vollkommen zwecklos und machen die Streithähne nur noch aggressiver.

Wenn Sie freilaufenden Hunden begegnen, die von Ferne schon bedrohlich erscheinen und ihrem Besitzer nicht gehorchen, machen Sie einen großen Bogen oder kehren gleich ganz um. Eine Hundeattacke ist ein bedrohliches und auch schmerzhaftes Erlebnis für Sie und Ihren Hund.

Resümee

Neben akustischen Signalen wie Knurren oder Bellen ist die Körpersprache ein wichtiges Verständigungsmittel zwischen Hunden. Nur wenn wir die Körpersprache unseres Hundes besser verstehen, können wir Konflikten mit anderen Hunden oder auch fremden Menschen aus dem Weg gehen. Durch genaues Beobachten unseres Hundes beim Spiel lernen wir, ob er eher dominant oder unterwürfig ist. So können wir die Erziehung darauf abstimmen und Missverständnisse oder Fehleinschätzungen vermeiden.

Ich muss immer wieder sehr aggressive Hunde behandeln, die Ihren Besitzern nicht gehorchen. Das erfordert viel Mut und Geschick.

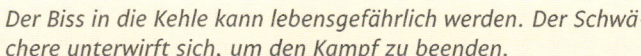
Der Biss in die Kehle kann lebensgefährlich werden. Der Schwächere unterwirft sich, um den Kampf zu beenden.

Vorsicht! Dieser Hund ist richtig aggressiv.

Meist hilft nicht einmal ein Maulkorb, und ich muss bei jeder kleinen Untersuchung den Hund narkotisieren. Das ist für alle eine belastende und bedrohliche Situation, die man mit guter Erziehung und vielen Kontakten mit anderen Hunden im Welpenalter vermieden hätte. Voraussetzung für ein normales Rangordnungsverhalten ist, dass jeder Hund in seiner Jugend mit Artgenossen die verschiedenen Körpersignale im Spiel gelernt hat. Das heißt, er muss die Sprache des anderen verstehen. Leider erkennen viele Besitzer die Notwendigkeit von Welpenspielgruppen und Hundeschulen erst dann, wenn Probleme auftreten.

Beschwichtigungsverhalten

Nachdem wir uns mit der Körpersprache beschäftigt haben, möchte ich auf das Beschwichtigungsverhalten der Hunde noch genauer eingehen. Bei Begegnungen mit Artgenossen versuchen

Hunde Konflikte gar nicht aufkommen zu lassen, indem sie dem Gegner durch besondere Beschwichtigungssignale zu erkennen geben, dass von ihnen keine Gefahr ausgeht. Einen Teil dieser Signale haben wir schon kennen gelernt – zum Beispiel den Blick und den Körper abwenden, den Hals zeigen, den Fang lecken oder die Unterwerfung durch Sich-auf-den-Rücken-Legen. Jeder Hundehalter hat dies bei Begegnungen mit anderen Hunden schon gesehen.

Weitere Körpersignale
Es gibt jedoch wesentlich mehr Beschwichtigungssignale, die wir vielleicht nicht als solche erkennen. Neben dem Anlegen der Ohren und dem Kopfsenken scheinen Hunde durch Zurückziehen der Mundwinkel zu lächeln. Viele blinzeln oder gähnen, ohne wirklich müde zu sein. Sie wedeln mit dem Schwanz, was nicht nur Freude, sondern auch Aufregung ausdrückt, oder heben eine Vorderpfote an. Beim so genannten Erstarren bleiben

Der kleine Mischling hat ein schlechtes Gewissen. Er versucht sein schimpfendes Frauchen zu beschwichtigen.

sie wie eine Salzsäule mit starrem Blick stehen und rühren sich nicht vom Fleck. Wenn Sie Ihren Hund bei Begegnungen mit anderen Hunden beobachten, werden Sie immer wieder diese Beschwichtigungssignale erkennen, denn er möchte ja einen Konflikt mit dem anderen Hund vermeiden und ihn besänftigen. Diese Signale werden übrigens nicht nur bei Begegnungen mit anderen Hunden eingesetzt, sondern auch uns Menschen gegenüber.

Ich erlebe in meiner Arbeit in der Praxis sehr häufig Hunde, die versuchen, mich zu beschwichtigen, weil sie Angst vor mir haben. Sie wedeln aufgeregt mit leicht eingeklemmtem Schwanz, senken den Kopf, legen die Ohren an und vermeiden den Blickkontakt oder wenden sich mit dem ganzen Körper ab, auch wenn sie von mir angesprochen werden. Oft verstecken sie sich auch hinter ihrem Besitzer und versuchen einer Berührung durch meine Hand zu entgehen. Sie lecken immer wieder den Fang oder gähnen auffällig viel. So zeigen sie mir deutlich, dass ich ihnen nichts tun soll, was leider oft nicht möglich ist. Ich

versuche nun selbst einige Beschwichtigungssignale anzuwenden, damit die Situation für den Hund nicht zu bedrohlich wird. Ich wende mich ebenfalls ab, schaue betont an dem Hund vorbei oder ignoriere ihn, blinzle ab und zu und lecke über meine Lippen. So versuche ich ebenfalls eine Konfrontation zu vermeiden.

Während der Besitzer beruhigend auf den Hund einredet, können wir ihn meist problemlos auf den Untersuchungstisch heben und ohne Zwangsmaßnahmen untersuchen. Wieder am Boden, möchte sich der Hund, den ich eben noch angefasst habe, nicht mehr streicheln lassen. Er wendet sich demonstrativ ab und zeigt mir deutlich: »Lass mich in Ruhe!« Da helfen nur in seltenen Fällen ein paar Leckerlis. Würde man einen solchen Hund überfallsartig packen und auf den Untersuchungstisch setzen, wären seine Angst und auch seine Aggression wesentlich größer. Er hat ja in seiner Sprache deutlich gesagt: »Tu mir nichts!« Cara und ihre Halbschwester Amiga, beides Border-Collie-Hündinnen, kannten sich viele Jahre, aber sie mochten

Resümee

Versuchen Sie die Beschwichtigungssignale Ihres Hundes zu erkennen. Nehmen Sie diese Signale ernst und beziehen Sie sie in die Erziehung ein. Dies fördert das Vertrauen und die Ausgeglichenheit Ihres Hundes. Wenn Sie auf seine Beschwichtigungssignale verständnisvoll reagieren, kommt es nicht zu einer angstbedingten Aggression.

sich nicht besonders, obwohl wir immer wieder zusammen spazieren gingen. In freiem Gelände ging jede ihren Weg, scheinbar ohne die andere zu beachten. In der Wohnung allerdings versuchte Amiga ihr Territorium zu verteidigen, aber sie hatte auch Respekt vor der älteren Hündin und wollte einem Konflikt aus dem Weg gehen. Beide lagen sich gegenüber und wollten ihren Platz nicht preisgeben. Sie versuchten sich gegenseitig zu beschwichtigen, indem sie sich abwendeten und eisern zur Seite schauten. Ihre Ohren waren zurückgelegt und die Mundwinkel nach hinten gezogen, obwohl sie knurrten. Sie verharrten fast 20 Minuten in dieser Haltung und keine wollte nachgeben, aber keine wollte es auf einen Kampf ankommen lassen. Erst als wir eingriffen, um die beiden zu trennen, versuchte Amiga wütend nach Cara zu schnappen, um ihr zu zeigen, dass sie in ihrem Haus der Chef ist. Solche Beschwichtigungssignale verhindern häufig aggressive Auseinandersetzungen und schützen so die Mitglieder eines Rudels vor Verletzungen. Ein verletztes Tier würde schließlich das gesamte Rudel schwächen und damit das Überleben eines Rudels gefährden.

Der kleine Border Collie fühlt sich sichtlich wohl in seinem Korb. Dieser sollte eine ausreichende Größe haben.

Ein hunde-
gerechter
Lieblingsplatz

Ich gehe davon aus, Ihr Hund lebt bei Ihnen in der Wohnung und nicht im Zwinger. Er braucht also einen Platz im Haus, an dem er sich wohlfühlt und wo er seine Ruhe hat. Wenn er sich dorthin zurückzieht, sollte er natürlich nicht ständig im Weg liegen. Viele Hunde suchen sich diesen Rückzugsplatz selbst aus. Mein Hund jedenfalls weigerte sich stur, den Platz in einer gemütlichen Ecke bei der Heizung anzunehmen, den ich ausgewählt hatte. Er bevorzugte die andere Ecke, aus welchem Grund auch immer, und war zufrieden.

Ruhiger Platz
mit Überblick

Die meisten Hunde wollen in der Nähe der Menschen sein und gleichzeitig alles im Blick

haben. Kurzhaarige und kleine Hunde kuscheln sich gerne in warme Ecken in der Nähe der Heizung, während langhaarige große Rassen häufig die Kühle bevorzugen. Viele Besitzer von Berner Sennenhunden oder anderen großen langhaarigen Rassen sind bitter enttäuscht, dass ihr Hund lieber im kalten Hausflur schläft als auf der teuren Hundedecke. Akzeptieren Sie die Platzwahl Ihres Hundes, außer er liegt gleich bei Ihnen im Bett. Auf jeden Fall sollten der Korb oder die Decke möglichst konstant da bleiben, wo sich Ihr Hund wohlfühlt, denn nur dann bleibt Ihr Hund auch dort liegen, wenn Sie ihn auf seinen Platz schicken.

Tipp

Wenn Sie Ihren Hund auf Reisen, zu Freunden oder zur Arbeit mitnehmen wollen, ist es ratsam, einen Ruheplatz mit seiner gewohnten Decke auszuwählen, damit er sich dorthin zurückziehen kann.

Besonders für die großen Hunde, die gerne kühl liegen, sind eine rutschfeste Unterlage und ausreichender Platz, um ausgestreckt liegen zu können, wichtig. Sie haben häufig Hüftprobleme und können im Alter schlecht aufstehen. Auf glattem Boden rutschen sie ständig mit den Hinterbeinen aus und können sich schwer verletzen. Andere Hunde bevorzugen einen gepolsterten Schlafplatz, der von unten wärmt. Die Polsterung sollte nicht zu weich sein, sodass Ihr Hund auch im Alter noch gut darauf aufstehen kann. Auch hohe Korbränder erschweren alten Hunden das Hineinsteigen. Kleine Welpen genießen runde Höhlen mit weicher Unterlage und am Anfang nach der Trennung von Mutter und Geschwistern ein weiches Kuscheltier und eine Wärmflasche.

Rückzug akzeptieren

Ein junger Hund, der nach dem Spielen und dem Fressen noch viel Schlaf braucht, soll sich in Ruhe auf seinen Platz zurückziehen können und nicht ständig durch Besuch und spielende Kinder gestört werden. Junge Hunde lassen sich zu gerne von irgendetwas ablenken, und dies führt häufig zu einem hektischen und unausgeglichenen Wesen.

Auch bei erwachsenen oder älteren Hunden sollten Ruhebedürfnis und Rückzug immer akzeptiert werden. Nach einem ausgiebigen Spaziergang mit vielen interessanten Spuren und Begegnungen oder nach dem Training in der Hundeschule oder beim Hundesport wollen sie oft nur noch in Ruhe gelassen werden, um die vielen Eindrücke zu verarbeiten. Viele Hundebesitzer erzählen mir immer wieder, dass eine halbe Stunde Hundeschule ihren Hund viel mehr anstrengt als ein 2-stündiger Spaziergang. Cindy, die temperamentvolle Berner-Mischlingshündin, konnte 3 Stunden mit dem Fahrrad mitlaufen und danach noch Ball spielen. Sie war ein Energiebündel und schien niemals zu ermüden. Die Arbeit in der Hundeschule machte ihr riesig Spaß, weil sie gefordert wurde. Sie lernte mit Feuereifer und wollte nie Pause machen. Genau das musste sie dann lernen, aber es fiel ihr richtig schwer. Danach war sie endlich müde und schlief 2 Stunden ohne Unterbrechung.

Resümee

Ein Hund braucht seinen Platz, an dem er sich sicher und wohlfühlt. Er sollte sich dorthin zurückziehen können und während seiner Ruhephasen nicht gestört werden. Ständiges Verschieben des Hundekorbes oder immer wieder neue Unterlagen sind Ihrem Hund nicht angenehm. Er genießt sein vertrautes Bett in seiner Ecke. Waschen Sie die Decken mit wenig Waschmittel und auf keinen Fall mit parfümiertem Weichspüler. Das mag eine Hundenase überhaupt nicht.

Konzentration und geistige Arbeit kann auch für einen Hund wesentlich anstrengender sein als reine körperliche Betätigung.

Bei älteren Hunden werden die Rückzugsphasen immer länger. Der Alltag wird für sie beschwerlicher, Herz und Kreislauf werden schwächer, die Gelenke zeigen altersbedingte Veränderungen und machen das Laufen mühseliger. Sie sind oft nach kurzen Spaziergängen schon unsäglich müde und möchten in Ruhe auf ihrem Platz vor sich hin dösen und genießen die Nähe zu ihrem vertrauten Menschen. Lassen Sie ihnen diese Ruhe, uns geht es ja im Alter genauso.

Was ich zu Hause tun kann

Vernünftige Beschäftigung macht ausgeglichen

Ihr Hund kennt sein Revier, das Haus, den Garten oder die Wohnung und die einzelnen Familienmitglieder, die zu seinem Rudel gehören. In seinem Kopf hat er alle nach seiner Rangfolge geordnet. Die Erwachsenen sind die übergeordneten Leittiere, die Kinder zählen zu den Welpen.
Diese Rangfolge ist nicht starr, sondern kann sich je nach Entwicklung oder Dominanz jedes Rudelmitglieds ändern. So wird auch Ihr Hund versuchen, seinen Platz im Rudel zu behaupten. Bei jungen Hunden geschieht das zunächst spielerisch. Bei ausgewachsenen, eher dominanten Hunden kann es aber auch zu ernsthaften Konfrontationen kommen.

Geregeltes Zusammenleben

In Welpenspielstunden übt der Hund Sozialverhalten mit seinen Artgenossen, bei uns zu Hause muss er Sozialverhalten mit den Menschen üben. Deshalb ist es so wichtig, sich mit Ihrem Hund spielerisch zu beschäftigen und ihm dabei auch klare Regeln beizubringen.
Tun Sie das nicht, wird der Alltag mit Ihrem Hund nervenaufreibend. Ihre Vernachlässigung rächt sich grausam. Ihr Hund entwickelt allerlei Unarten, die Sie an den Rand der Verzweiflung bringen. Er zerbeißt Ihre Schuhe, klaut Ihre Socken, zerfetzt die Zeitung, nagt am Sofa oder anderen Möbeln, und in schlimmen Fällen macht er auch

noch in die Wohnung. Jedes Mal, wenn Sie keine Zeit haben, eine neue Katastrophe! Es hilft nichts: Sie und die ganze Familie müssen sich

Die Mülltonne ist hochinteressant, weil der Inhalt so gut riecht.

mit Ihrem Hund beschäftigen. Ein unterforderter Hund mit allerlei Unarten ist nirgendwo beliebt.

Ein Garten allein genügt nicht

Glauben Sie ja nicht, dass Ihr Hund alleine im Garten zufrieden ist. Nach kurzer Zeit ist es auch dort langweilig, und es wird jeder, der vorbeigeht, zur Freude Ihrer Nachbarn angebellt.
In unserer Straße wohnte eine intelligente Schäferhündin, die häufig alleine im Garten war. Wenn ein anderer Hund an dem Grundstück vorbeilief, tobte sie am Zaun entlang und bellte wütend. Nach einer Weile hatte sie herausgekriegt, dass sie über den Zaun springen konnte. Eine ältere Dame, die nichtsahnend mit ihrem Hund dort vorbeiging, wurde von der ausgebrochenen Hündin angesprungen und stürzte, ihr Hund wurde gebissen. Der Besitzer erklärte in einem Gespräch, er habe mit seiner Hündin die Hundeschule besucht und sie sei dort sehr brav gewesen. Das trifft sicher zu. Aber es hilft gar nichts, wenn der Hund einmal pro Woche in der Hundeschule trainiert. Die Hausaufgaben sind mindestens genauso wichtig. In diesem Fall wäre das problembezogene Training im Grundstück dringend notwendig gewesen. Dieser Hund hätte Beschäftigung gebraucht. Dann wäre das niemals passiert. Der Besitzer hat das wohl nicht eingesehen und den Hund seitdem eingesperrt. Die Hündin darf nur noch an der Leine laufen. Das arme Tier muss es büßen. Ihre Bewegungsfreude und ihr Beschäftigungsdrang werden nicht berücksichtigt. Das ist keine artgerechte Hundehaltung!

Sinnvolle Beschäftigung

Vermeiden Sie solche Fehlentwicklungen Ihres Hundes und beschäftigen Sie sich viel mit ihm im Garten. Spielen Sie die unterschiedlichsten Spiele und üben Sie alle gelernten Kommandos während der einzelnen Spiele. Lassen Sie ihn Spielsachen apportieren oder suchen und sparen Sie niemals mit Lob, wenn er etwas richtig macht. So wird er hochzufrieden sein und niemandem auf die Nerven gehen. Langeweile ist für Hunde furchtbar.

Der Beaglerüde scheint auf eine günstige Gelegenheit zu warten, um ungestört im Blumenbeet graben zu können.

Viele Hunde sind begeisterte Ballspieler.

Mein Hund liebte es, seinen Ball zu suchen und ihn endlos wieder zu mir zu bringen, damit ich ihn ihr erneut warf. Ich konnte in Ruhe meine Gartenarbeit erledigen oder mein Auto putzen und habe zwischendurch immer wieder den Ball geworfen, und sie brachte ihn jedes Mal begeistert zurück. Während ich arbeitete, ließ ich sie abliegen und übte so das Kommando »Platz und Bleib!«. Sie durfte erst nach einigen Minuten auf Kommando wieder aufstehen. Wenn ich Pause machte, tobte ich ein wenig mit ihr herum. Sie genoss jede Form von Beschäftigung und war total zufrieden. Ich hatte niemals Probleme damit, dass sie an den Zaun sprang und Passanten erschreckte.

Auch Cindy, eine temperamentvolle Berner-Sennen-Mischlingshündin, die ihren Besitzer bei allen Arbeiten im Wald und im Garten begleitete, wurde immer wieder beschäftigt. Sie schleppte große Äste oder holte endlos ihren Ball, den ihr Besitzer ihr warf, während er arbeitete. In den Arbeitspausen wurde dann intensiver mit ihr gespielt und wurden kleine Kommandos geübt. Durch die Beschäftigung kam sie nie auf die Idee, im Wald jagen zu gehen oder gar davonzulaufen. Sie war nach diesen Arbeitstagen genügend ausgelastet und schlief schon während der Heimfahrt im Auto ein.

Ohne Konsequenz geht's nicht

Viele Kommandos übt man zunächst im Garten oder auch im Haus ohne Ablenkung durch andere Personen. Zunächst lernt Ihr Hund, auf Ihren Ruf zu kommen. Sie entfernen sich immer wieder ein Stück von ihm und locken ihn mit einem auffordernden »Komm!« zu sich. Loben Sie ihn jedes Mal ganz besonders und geben ihm zusammen mit dem Kommando »Sitz!« noch ein Leckerli. Wenn Sie ihm als Nächstes das Leckerli ganz dicht am Boden geben und die andere Hand vor ihm auf den Boden legen, lernt er langsam das Kommando »Platz!«. Die wichtigsten Grundkommandos sollten Sie spielerisch zu Hause üben, bevor Sie draußen im Garten oder auf einer ruhigen Wiese mit dem Training fortfahren.

Selbstbewusst trabt der Terrier im richtigen Tempo neben seiner Besitzerin.

Tipp
Trainiern Sie die ersten Grundübungen für die Ausbildung Ihres Hundes am besten in der Wohnung oder im abgegrenzten Garten, weil er dort nicht so sehr von äußeren Einflüssen abgelenkt wird. Er lernt, sich auf seinen Hundeführer zu konzentrieren, und ist später dann in der Lage, auch mit Ablenkung durch andere Hunde in einer Hundeschule oder beim Spaziergang diese Grundübungen zu wiederholen.

»Komm!«, »Sitz!« und »Platz!« sind die Grundlage für alle weiteren Erziehungsübungen und müssen wie der Grundwortschatz einer Fremdsprache ständig wiederholt werden. Erst wenn Ihr Hund sie beherrscht, können Sie mit ihm das wesentlich schwierigere Kommando »Bleib!« ein-

üben. Sie legen Ihren Hund ab und entfernen sich zunächst ein paar Meter von ihm mit einem deutlichen »Bleib!«. Wenn er zuverlässig liegen bleibt, gehen Sie zu ihm zurück und loben ihn. Wenn Sie ihn zu sich herrufen, wird er versuchen, schon früher zu Ihnen zu laufen, und nicht auf Ihr Kommando warten. »Bleib!« heißt, der Hund wird abgelegt, Sie gehen weg, während er liegt, und kommen zurück, während er liegt. Er darf erst aufstehen, wenn Sie es ihm sagen. Nun steigern Sie langsam die Lektionen, indem Sie sich immer weiter von ihm entfernen, bis Sie sich in einem anderen Raum

oder draußen außerhalb seines Blickfeldes befinden. Müssen denn diese Kommandos so pingelig genau ausgeführt werden?, werden Sie fragen. Ist das nicht ein fürchterlicher Drill? Wenn Sie Ihrem Hund einen gewissen Grundgehorsam beibringen wollen, hilft es nicht, wenn er nur ein bisschen »Fuß« geht oder sich nur ab und zu hinsetzt. Er versteht nur ganz klare Anweisungen, die er ausführt, weil Sie der Chef sind. Wenn er mal so oder mal anders ein Kommando befolgen kann, entscheidet er selber und ist damit in der Chefrolle. Sie werden sich dann nicht mehr durchsetzen können.
Sie können alle Übungen variieren und im Schwierigkeitsgrad steigern, sobald Ihr Hund die Grundübung perfekt und ohne Zögern beherrscht. Wenn er jedoch das Kommando nur ab und zu ausführt, müssen Sie die Grundübung weiter mit ihm üben. Bitte überfordern Sie Ihren Hund nicht, auch wenn er noch so gelehrig ist. Die Erziehungsarbeit soll Ihnen beiden auch Spaß machen. Sobald sein Arbeitseifer nachlässt, ist es Zeit aufzuhören.

Beim Raufen um ein erbeutetes Spielzeug kann Ihr Hund mit Kindern endlos spielen und sich austoben.

Hunde und Kinder

Viele Hunde, die mit Kindern aufwachsen, suchen instinktiv deren Nähe. Bei Kindern ist immer was los. Mit Jungen kann man wunderbar raufen, um einen erbeuteten Stock kämpfen oder den Ball beim Fußball klauen.

Meine Hündin liebte alle Kinder in unserer Straße und brachte ihnen immer ihren Ball, damit sie ihn werfen sollten. Selbst ängstliche Kinder, die keinen Hund hatten, ließen sich von ihr überzeugen, denn sie schubste ihnen den Ball mit der Nase direkt vor die Füße und wartete dann in einigen Metern Abstand. Nach anfänglichem Zögern schubsten oder kickten alle den Ball dann in ihre Richtung, und sie fing ihn wie ein Profitorwart zur Freude der Kinder.

Mädchen sind häufig die Hundemütter, die ihren Liebling bürsten und kämmen oder ihm zum Spaß etwas anziehen und ihn im Puppenwagen spazieren fahren. Wenn die Kinder nicht zu klein sind und wissen, wo die Grenzen sind, dass sie dem Hund nicht wehtun, ist das alles in Ordnung. Ihr Hund hat mit den Menschenwelpen genauso viel Geduld wie mit

Hundewelpen, aber er muss natürlich weggehen dürfen, wenn es ihm zu viel wird. Doch seien Sie immer aufmerksam, wenn die Spiele zu grob werden oder der Hund nicht in Ruhe gelassen wird, wenn er sich zurückzieht. Er wehrt sich dann zu Recht und schnappt vielleicht. Bei fremden Kindern, die nicht unbedingt den gleichen Welpenschutz wie die Kinder des eigenen Rudels genießen, kann das auch zu ernsteren Verletzungen führen.

Kunststückchen zum Zeitvertreib

Kleine Kunststücke sind zwar nicht unbedingt nötig, aber viele lernbegierige Hunde lieben es, etwas einzuüben, und freuen sich riesig, wenn sie gelobt werden. Und, Hand aufs Herz, wer träumt nicht von dem Hund, der die Zeitung oder die Post hereinbringt, ohne sie zu zerfetzen, oder von dem netten Hund, der die Pfote gibt, um ein Leckerli zu bekommen? Meine erste Hündin, ein gelehriger Collie-Mischling, konnte ein Stück Wiener Würstchen auf der Nase balancieren. Sie saß wie gebannt da und wartete auf das Kommando »Nimm!«. Dann

Kleine Kunststücke sind eine gute Beschäftigung gegen Langeweile.

warf sie das Würstchen in die Luft und fing es auf. Wir waren jedes Mal von dieser Geschicklichkeit begeistert und lobten sie überschwänglich. Das hat sie enorm genossen und sie hätte das Spiel gerne noch viel öfter gemacht. Sie liebte Wienerles!

Auch kleine Sprünge über Hindernisse, das Balancieren über einen Balken oder das Klettern auf einer Leiter, die beim Agility-Training intensiv trainiert werden, sind tolle Beschäftigungen, die Sie auch zu Hause üben können.

Tipp

Wie viel Beschäftigung Ihr Hund braucht, hängt von der Rasse, dem Temperament und auch dem Alter ab, aber: Ohne Beschäftigung geht es nicht.

Ich konnte Cara dadurch auf anspruchsvolle Bergwanderungen und einige einfachere Klettersteige mitnehmen. Sie wurde an schwierigen Wegstellen mit einem stabilen Brustgeschirr gesichert und an einer festen Leine gehalten. So kletterte sie geschickt zwischen den Felsen, wartete auf Kommando und ging dann wieder weiter, wenn ich hinterhergekommen war. Für den Hund war ich viel zu

Resümee

Unausgeglichene Hunde sind häufig Nervensägen. Entweder sie entwickeln sich zu Dauerkläffern, was Mitbewohner im Haus oder Nachbarn zum Wahnsinn treiben kann, oder sie erschrecken Passanten, wenn sie plötzlich an den Gartenzaun springen und wütend bellen. Das kann sogar zu gefährlichen Situationen führen. Geschimpft wird meistens über den Hund, der indes nur mehr Beschäftigung und Training bräuchte. In Wahrheit machen doch die Menschen Fehler. Nur mit genügend Beschäftigung fördern Sie ein ausgeglichenes Wesen.

langsam, aber ich musste sie zu den markierten Felsstellen führen, damit sie in ihrem Eifer nicht den falschen Weg nahm.

Liebevolle Fellpflege – eine Wohltat

Gegenseitige Fellpflege in einem Hunderudel soll die Beziehungen untereinander festigen und die Zusammengehörigkeit innerhalb der Gruppe stabilisieren. Außerdem dient sie der Reinigung des Fells. Besonders die Welpen werden von ihrer Mutter intensiv abgeleckt. Während sie die Kleinen säubert, massiert sie gleichzeitig den Bauch und regt die Verdauung an. Diese ruhige und intensive Massage fördert das Wohlbefinden der Welpen und festigt die Bindung zwischen Mutter und Kind.

Beziehungspflege

Wenn wir unseren Hund regelmäßig und ausgiebig bürsten, hat dies die gleiche Wirkung. Während wir das Fell von Schmutz, Pflanzenteilen und Parasiten reinigen, stärken wir gleichzeitig die Bindung zu unserem Hund. Manchmal wollen wir den Hund einfach nur schnell sauber machen, damit die Wohnung nicht verdreckt, wenn wir von draußen kommen. Das ist verständlich, wenn Sie noch etwas erledigen müssen. Doch erinnern Sie sich immer wieder an das Bild der pflegenden Hündin und versuchen Sie auch immer wieder, Ihren Hund genauso ruhig und gleichmäßig zu bürsten. Fangen Sie mit einer weicheren Bürste oder einem Noppenhandschuh an und bürsten Sie den ganzen Körper von vorne nach hinten mit ruhigen, langsamen Bewegungen. Die meisten Hunde genießen diese Pflege ungemein. Sie legen sich oft ausgestreckt hin, damit man möglichst über den ganzen Rücken oder Bauch streichen kann. Unruhige Hunde, die sich ständig ablenken lassen und wegspringen wollen, bringt man in einen ruhigen Raum und setzt sie vielleicht zusätzlich auf einen stabilen Tisch.

Ein kleiner Zwergpudel, der auf dem Untersuchungstisch in meiner Praxis ganz ruhig

stehen blieb, ohne gehalten zu werden, versetzte mich immer in Erstaunen.
Der Besitzer sagte nur zu ihm: »Mach schöner Bubi!« Als ich den Besitzer fragte, was es mit dem geheimnisvollen Kommando für eine Bewandtnis habe, erklärte er mir, dass der Hund zum Bürsten auf den Tisch gesetzt wurde. Er liebte es, gebürstet zu werden, und lernte, auf das Kommando »Mach schöner Bubi!« ganz still stehen zu bleiben.
Wenn sich Ihr Hund während des Bürstens richtig entspannt, wird er diese Form der Zuwendung genießen und sich wohlfühlen. Liebevolle Körperpflege ist eine Form von Zuwendung, die Ihr Hund von Kindesbeinen an kennt. Sie fördern dadurch sein Vertrauen und festigen die Bindung zu Ihrem Hund.

Verfilzungen vorsichtig entfernen

Bei den vielen unterschiedlichen Fellarten unserer Haushunde reicht das Bürsten alleine meistens nicht. Vor allem beim Fellwechsel muss mit einer Drahtbürste oder einem Kamm nachgeholfen werden, um die Unterwolle zu entfernen.

Ohne intensive Fellpflege geht es nicht, besonders bei langhaarigen Rassen. Dieser Bobtail genießt die Zuwendung beim Bürsten.

Achten Sie beim Kauf darauf, dass die Drahtborsten oder Kammzinken nicht zu stark kratzen. Gerade an Körperstellen, wo die Knochen direkt unter der Haut liegen, wie zum Beispiel an der Wirbelsäule, am Kopf oder an den Gelenken, kann es richtig wehtun, wenn Sie unvorsichtig sind.
Bitte rupfen Sie nicht, wenn das Fell bei langhaarigen Rassen verfilzt oder verknotet ist. Jeder, der selbst einmal lange Haare hatte, weiß, wie schmerzhaft das sein kann. Ihr Hund kann sich dabei weder entspannen noch wird sein Vertrauen gefördert. Also Knoten lieber vorsichtig her-

ausschneiden, und wenn sie ganz dicht an der Haut liegen, mit einem Nahtauftrenner aus dem Nähzeug schrittweise heraustrennen. Ein Nahtauftrenner ist ein kleines Instrument, das zum Auftrennen einer Naht verwendet wird. Es sieht aus wie eine kleine Cocktailgabel mit nur 2 Zinken. Eine davon ist schmal und spitz, die andere kürzer und abgerundet. Im Winkel zwischen den Zinken befindet sich eine kleine Schneide. Die längere, spitze Zinke schieben Sie vorsichtig unter den Filzknoten und trennen ihn mit der kleinen Schneide Stück für Stück heraus. Schieben Sie die Spitze des Auftrenners immer parallel zur Haut unter den Knoten, um Ihren Hund nicht zu stechen oder die Haut zu verletzen.

Beim Benutzen einer feinen Nagelschere schieben Sie ebenfalls einen Schenkel möglichst parallel zur Hautoberfläche unter den verfilzten Knoten und schneiden mit dem Scherenwinkel, ohne die Schere zu schließen, da Sie die Haut sonst leicht verletzen können. Das Entfernen von solchen Knoten braucht Zeit und Fingerspitzengefühl. Wenn Sie Ihren Hund täglich bürsten und kämmen, vermeiden Sie diese unangenehme Filzbildung. Außerdem genießt Ihr Hund das sehr, denn bei einem gepflegten Fell ziept es nicht.

Tipp

Plagen Sie sich und Ihren Hund nicht, wenn Sie es nicht schaffen, das Fell richtig durchzuarbeiten, sondern wenden Sie sich an Profis. Hundefrisöre schneiden nicht nur Modefrisuren. Sie können mit ihrem Profiwerkzeug auch die dichte Wolle eines Bobtails oder Berner Sennenhundes durchkämmen und ausdünnen oder gar scheren. Danach sind Sie wieder für die liebevolle Fellpflege zuständig, mit der Sie das Vertrauen Ihres Hundes stärken und die Bindung an Sie und das »Rest-Rudel« festigen.

Im Zoofachhandel werden zusätzlich Fellpflegesprays angeboten, die das Durchkämmen erleichtern. Auch eine geringe Menge Weichspüler für Haare, den man nach dem Baden ins nasse Fell einmassiert und dann wieder herausspült, hilft beim Durchkämmen.

Wenn Ihr Hund ermüdet oder unruhig wird, weil das Kämmen und Bürsten zu lange dauert, gönnen Sie sich beiden eine Pause. Das ist besonders für ganz junge und alte Hunde wichtig. Morgen ist auch noch ein Tag, da kommt dann der Rest dran.

Badezeit!

Viele Hundebesitzer fragen mich häufig, ab wann sie ihren Hund baden dürfen. Meine Antwort lautet immer: »Sie dürfen ihn dann baden, wenn es wirklich nötig ist.« Das heißt, wenn der Hund völlig verdreckt nach Hause kommt oder sich gerade in stinkendem Mist gewälzt hat. Die meisten Hunde, selbst die, die gerne schwimmen, haben Angst vor dem Baden zu Hause, oder es ist ihnen zumindest sehr unangenehm. Deshalb beginnen Sie sehr vorsichtig. Meist lässt sich der Dreck einfach mit war-

mem Wasser im Eimer und einem Schwamm von Bauch und Beinen abwaschen. Ein paar Spritzer Babyöl im letzten Waschwasser fetten die empfindliche Haut von Bauch und Pfoten ein wenig, ohne zu schmieren. Das reicht meistens vollkommen, um den Schmutz zu entfernen, und Ihr Hund findet das auch nicht so schlimm. Da die Haut am Bauch und zwischen den Zehen ständig allem Dreck ausgesetzt ist, sollten Sie sie häufig nach dem Spaziergang abwaschen. Sie verhindern auf diese Art Reizungen, die mit Juckreiz einhergehen. Aus kleinen juckenden Hautstellen entwickelt sich durch das Lecken Ihres Hundes schnell ein richtiges nässendes Ekzem.

Caesar, ein älterer West Highland Terrier, erscheint immer blütenweiß und frisch gekämmt in meiner Praxis. Er sieht aus wie ein kleiner Eisbär. Die Besitzer waschen ihm nach jedem Spaziergang Bauch und Pfoten ab. Die Beziehung zwischen Hund und Herrchen ist besonders intensiv, denn er kuschelt sich vertrauensvoll in seinen Arm, wenn ich ihn behandle. Die Pflege hat Herr und Hund zusammengeschweißt. Der

Wer so brav in der Wanne stehen bleibt, hat großes Vertrauen zu seinem Besitzer und toleriert sogar das Duschen mit der Brause.

Kleine hatte in seinem ganzen Leben noch nie ein Ekzem, und seine Haut ist vollkommen gesund. Da diese Rasse zu Allergien aller Art neigt, ist diese intensive Pflege sinnvoll. Allerdings verwenden die Besitzer keine Shampoos, die die Haut entfetten, sondern häufig die Mischung aus Wasser mit einem Spritzer Babyöl.

Schonendes Vollbad

Wenn Sie Ihren Hund vollständig baden müssen, legen

Sie bitte eine rutschfeste Unterlage in die Dusch- oder Badewanne und lassen ihn von einer zweiten Person beruhigen und halten. Fangen Sie nicht gleich mit der Brause an, sondern machen Sie das Fell mit einem Schwamm bei laufendem Wasser aus dem Hahn oder dem Duschschlauch ohne Brausekopf vorsichtig nass. Während Sie ein mildes Hundeshampoo ruhig ins Fell einmassieren, versuchen Sie ihn zu beruhigen.

Dann wird sich Ihr Hund trotz seiner misslichen Lage in der Wanne etwas wohler fühlen. Beim Auswaschen des Shampoos betonen Sie wieder das gleichmäßige und ruhige Massieren des ganzen Körpers. Das ist nicht nur für uns Menschen angenehm, sondern auch für Ihren Hund. Halt, vergessen Sie nicht ein wenig Weichspüler für die Haare. Verteilen Sie ihn gleichmäßig auf dem nassen Fell und spülen Sie es dann nochmals gründlich aus.

Resümee

Häufiges Baden ist Ihrem Hund unangenehm und schädigt zudem die Haut. Meistens genügt es, Bauch und Beine abzuwaschen und nach dem Trocknen das Fell gründlich zu bürsten. Langhaarige Hunde müssen sorgfältig getrocknet werden, entweder mit Föhn, Heizlüfter oder an der Heizung liegend, da es sonst leicht zu Erkältungen kommt. Sorgfältige Fellpflege und Abwaschen mit Wasser und einem Spritzer Babyöl verhindern Erkrankungen der Haut und auch allergische Reaktionen auf Gräser, Pollen oder Spritzmittel.

Danach heben Sie Ihren Hund am besten zu zweit aus der Badewanne, damit er nicht beim Springen am Wannenrand abrutscht. Aus der Duschwanne kann er natürlich selbst steigen.

Nun wird er mit mehreren Handtüchern gründlich abgetrocknet. Auch hierbei können Sie ihn wieder massieren und ihm das richtig angenehm machen. Erschrecken Sie nicht, denn nach dem ersten Trocknen wird er sich heftig schütteln und das ganze Badezimmer nass spritzen. Sie haben ja sein ganzes Fell durcheinandergebracht. Wenn Sie ein großes Badetuch über seinen Rücken gelegt haben, ist es nicht ganz so schlimm. Viele Hunde reiben nach dem Baden die Ohren auf dem Teppich, um Wasserreste zu entfernen. Sie können durch gründliches Massieren und Auswischen der Ohren mit einem weichen Papiertaschentuch restliches Wasser entfernen. Wenn Sie vor dem Baden einen Wattebausch in jedes Ohr schieben, vermeiden Sie, dass Wasser hineinläuft.

Langes Fell braucht sehr lange, bis es getrocknet ist. Deshalb sollte Ihr Hund möglichst über Nacht im Warmen bleiben und sorgfältig geföhnt werden. Auch ein Heizlüfter kann das Fell gut trocknen, denn viele Hunde finden den tosenden Föhn eher beängstigend.

Mein erster Hund liebte den Heizlüfter im Badezimmer. Sie legte sich so dicht davor, dass wir Angst bekamen, sie könnte sich verbrennen. Sie hatte jedoch eine besondere Technik entwickelt, ihre empfindliche Nase vor der warmen, trockenen Luft zu schützen: Sie lag mit dem Gesicht unmittelbar vor dem Lüfter und bedeckte ihre Nase mit ihrem Vorderbein. Die Augen schloss sie ebenfalls und döste genüsslich vor dem Heizlüfter, bis wir ihn abstellten.

Behutsame Pflege von Augen, Ohren und Zähnen

K e i n   H u n d   lässt sich gerne die Augen oder Ohren auswischen oder gar die Zähne putzen. Bei vielen Rassen ist das aber dringend nötig, um Krankheiten vorzubeugen. Denken Sie wieder an die liebevolle Fürsorge, mit der die Hündin ihre Welpen am ganzen Körper ableckt, auch am Kopf. Oberstes Gebot ist: Fangen Sie so früh wie möglich damit an und seien Sie besonders vorsichtig.

Zuerst die Augen ...

Legen Sie zunächst den Kopf Ihres Hundes auf eine Hand und streicheln Sie ihm mit der anderen Hand immer wieder über die Stirn. Reden Sie möglichst ruhig auf ihn ein und loben Sie ihn, wenn er stillhält. Nervöse und ängstliche Tiere lässt man am besten von einer Hilfsperson halten. Nun reiben Sie vorsichtig unterhalb des Auges von innen nach außen.

Wenn Sie das mehrmals wiederholt haben, nehmen Sie ein angefeuchtetes Tuch und wischen vorsichtig mehrmals unterhalb des Auges vom inneren Augenwinkel zum äußeren.

Verzweifeln Sie nicht, wenn das am Anfang schwierig ist, sondern üben Sie täglich mit viel Lob und Geduld. Besonders bei kleinen Hunderassen mit längeren Haaren verkleben oft die Haare am inneren Augenwinkel wegen verstärkten Tränenflusses. Der Tränennasenkanal ist bei diesen Hunden häufig verengt oder gar nicht mehr angelegt, sodass die Tränenflüssigkeit nicht über die Nase abfließt, sondern außen am inneren Augenwinkel. Lassen Sie bitte die Haare um die Augen von einem erfahrenen Hundefrisör kürzen, um das Sekret gut abwischen zu können. Wenn Sie es selbst probieren wollen, seien Sie bitte besonders vorsichtig und verwenden Sie eine abgerundete Schere. Der Kopf muss von einer Hilfsperson sicher gehalten werden, denn schon die kleinste Abwehrbewegung Ihres Hundes kann zu einer Verletzung des Auges führen, was sehr schmerzhaft ist und lange intensive Behandlung benötigt.

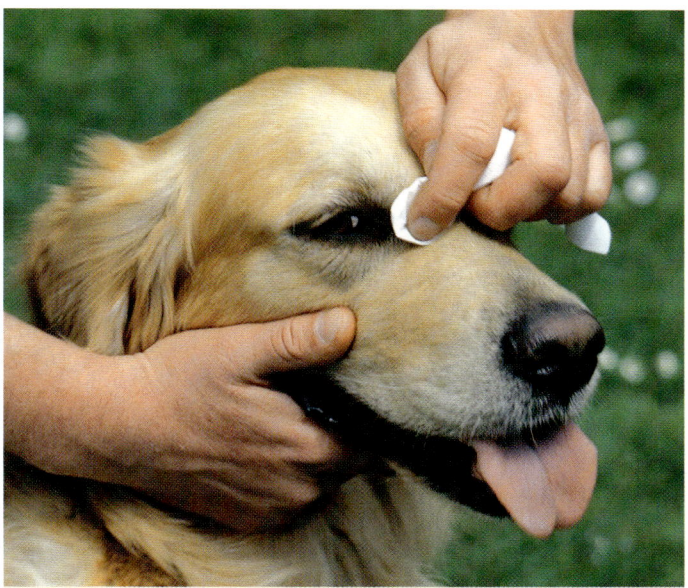

Der Golden Retriever hält ganz still, während sein Besitzer vorsichtig die Augen von innen nach außen mit einem Tuch auswischt.

... und dann die Ohren

Bei den Ohren verfahren wir genauso. Zunächst kraulen und massieren Sie beide Ohren. Die meisten Hunde finden das wunderbar. Sie drücken sich gegen die massierende Hand und brummen genüsslich. Ziehen Sie nun das Ohr etwas nach oben und wischen die Ohrmuschel mit einem weichen Tuch mit dem Zeigefinger sauber. Danach bürsten Sie das Ohr von außen mit einer weichen Bürste und massieren es nochmals, während Sie Ihren Hund loben.

In der Regel benötigen Sie bei gesunden Ohren keinen Ohrreiniger. Wenn Ihr Hund jedoch öfter verschmutzte Ohren oder viele Haare in den Ohren hat, empfiehlt sich ein milder Reiniger, auf jeden Fall ohne Alkohol, der alle 2 Wochen körperwarm

Tipp Bei entzündlichen Veränderungen an Augen und Ohren wird es schmerzhaft. Gehen Sie in solchen Fällen lieber gleich zum Tierarzt, um gezielt behandeln zu lassen. Außerdem: Wenn Ihre Pflege wehtut, wird Ihr Hund sehr schnell sein Vertrauen verlieren.

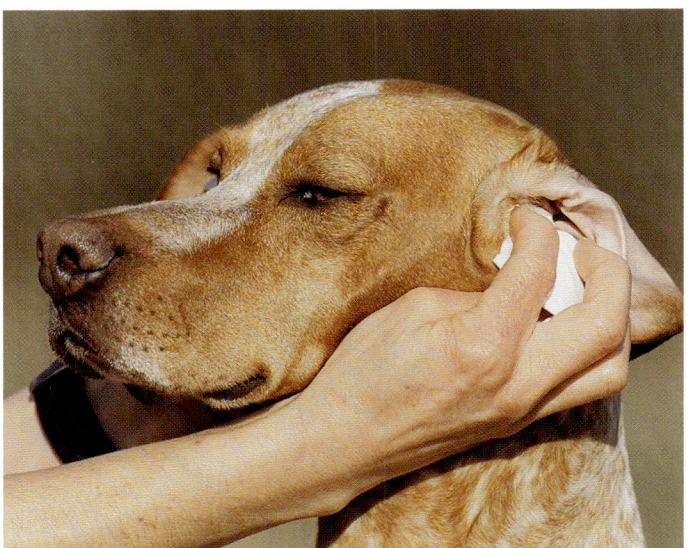

Der Kopf des Hundes ruht vertrauensvoll zwischen den Händen des Besitzers, während die Ohren vorsichtig ausgewischt werden.

ins Ohr getropft wird. Nach gründlichem Einmassieren wird er mit dem Tuch wieder herausgewischt beziehungsweise vom Hund herausgeschüttelt.

Resümee

Die Pflege von Augen, Ohren und Zähnen braucht viel Geduld, bis Sie das Vertrauen Ihres Hundes erlangt haben, aber Sie erhalten seine Gesundheit und erleichtern ihm viele Untersuchungen beim Tierarzt. Sie können außerdem jede krankhafte Veränderung frühzeitig entdecken und schnell behandeln lassen.

Wenn Sie Augen und Ohren regelmäßig pflegen, verhindern Sie schmerzhafte Entzündungen, und Ihr Hund wird sich nach und nach daran gewöhnen, dass es zum Leben gehört wie das Bürsten nach dem Spaziergang. Akzeptieren Sie, dass er das ganz langsam lernen muss, bis er das Vertrauen hat, dass Sie ihm nicht wehtun.

Rocky und Benny, zwei Zwergpudel, sind schon als kleine Babys von ihrer Züchterin am Kopf frisiert worden. Sie hat die Haare um die Augen gekürzt und aus den Oh-

ren entfernt. Das macht bei so kleinen, unruhigen Welpen viel Mühe.

Doch beide Hunde haben so von Anfang an gelernt, dass auch Augen und Ohren gepflegt werden. Die Besitzer hatten keine Schwierigkeiten, diese Pflege fortzuführen, doch sie mussten es natürlich erst üben. Auch Untersuchungen der Augen oder der Ohren bereiten bei beiden keine Schwierigkeiten. Da Pudel meistens von einem Hundefrisör geschoren und gepflegt werden, sind sie allgemein bei Untersuchungen durch fremde Hände sehr umgänglich. Die Zähne lassen aber auch sie sich nicht gerne putzen.

Blitzblanke Zähne

Die Pflege der Zähne ist wirklich nicht einfach, denn kein Hund lässt sich gerne ins Maul schauen. Neben allerlei Kauknochen und Büffelhautteilen gibt es spezielle Zahnpflegefutter, die alle ein strahlendes Gebiss versprechen. Leider müssen bei vielen Hunderassen trotzdem die Zähne gereinigt werden. Das Öffnen des Fangs ist eine wichtige Grundübung, die besonders viel Vertrauen voraussetzt. Sie erleichtert dem

Tierarzt die Untersuchung der Maulhöhle und wird bei jeder Zuchtschau zur Kontrolle des Gebisses verlangt. Manchmal ist sie sogar lebensrettend, wenn man einen Fremdkörper, der sich im Rachen oder zwischen den Zähnen eingespießt hat, entfernen muss. Zunächst üben wir das Umgreifen des Fangs. Dabei muss sich der rangniedere Hund unterordnen, wie es auch im Rudel geschieht, wenn der Ranghöhere den Fang umgreift. Fassen Sie ruhig mehrmals am Tag um den Fang, zum Beispiel wenn Sie ein Spiel beenden wollen. Nehmen Sie auch immer wieder Spielzeug aus dem Maul Ihres Hundes. Das ist nicht leicht, aber gelingt mit Ruhe nach einer Weile. Auch hier gilt ständiges Üben. Nachdem wir den Fang problemlos berühren dürfen, fangen wir an, die Oberlippe im Bereich der Eck- und Backenzähne zu massieren. Während Sie nun vorsichtig die Lippe nach oben schieben, beginnen Sie das Zahnfleisch mit dem Finger zu massieren. Erst wenn Ihr Hund sich das ohne Schwierigkeiten gefallen lässt, können Sie vorsichtig mit einer Fingerzahnbürste und dann mit einer Kinder-

zahnbürste beginnen, Zähne und Zahnfleisch zu bürsten. Eine Hundezahnpasta mit Fleischgeschmack wird zunächst nur auf das Zahnfleisch aufgetragen, um den Hund daran zu gewöhnen. Nach all diesen Vorübungen können Sie dann vorsichtig mit dem Zähneputzen anfangen. Sie tragen zuerst die Hundezahnpasta auf Zähne

und Zahnfleisch auf und bürsten dann mit kreisenden Bewegungen zunächst die oberen Zähne der einen Seite. Machen Sie immer wieder kleine Pausen, um den Hund langsam an das Bürsten zu gewöhnen. Er wird die Zahnpasta zwischendurch abschlucken, aber das macht nichts. Danach kommt die andere Seite dran, und nach

Eine Hilfsperson hält den Kopf und schiebt die Lefzen vorsichtig nach oben, damit man die Zähne bürsten kann.

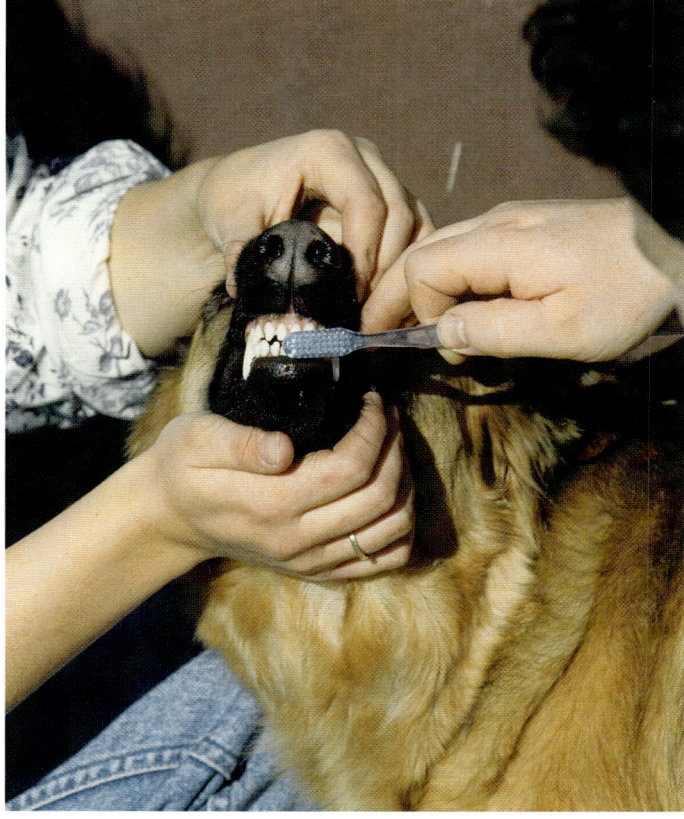

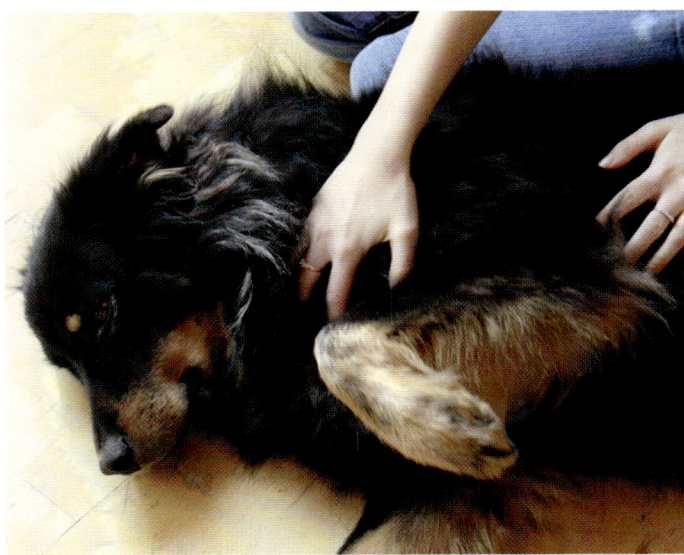

Der Hund liegt vollkommen entspannt auf der Seite, während die Besitzerin ihn ruhig und liebevoll mit ihren Händen massiert.

Wohlfühlmassage mit dem Noppenhandschuh

Eine wunderbare Massage der Haut und der oberflächlichen Muskeln gelingt mit dem Noppenhandschuh. Sie reiben mit gleichmäßigem Druck den gesamten Körper ab, den Rumpf von vorne nach hinten und die Beine von oben nach unten. Durch die Massage mit den Gumminoppen wird die Durchblutung am ganzen Körper angeregt. Die Haut kribbelt ein wenig und fühlt sich dann wunderbar warm an. Mein Hund räkelte sich genüsslich auf seiner Decke, wenn ich ihn mit dem Handschuh abrieb. Er drehte sich freiwillig auf den Rücken und streckte mir seinen Bauch entgegen, damit ich ihn auch dort mit dem Handschuh massierte. Wenn Sie schmerzhafte Verspannungen, die häufig nach Überbelastung, bei Kälte oder im Alter entstehen, behandeln wollen, fangen Sie zunächst mit einer Wärmebehandlung mit Rotlicht oder einer Wärmflasche an. Ihr Hund sollte möglichst ausgestreckt am Boden auf einer Decke liegen. Im Bereich der Wirbelsäule massieren Sie nun seitlich der Dornfortsätze

einer weiteren Pause verfahren Sie mit den Unterkieferzähnen genauso. Dort ist es etwas schwieriger, weil die Oberkieferzähne das Bürsten etwas behindern. Wählen Sie deshalb eine Zahnbürste mit einem sehr kleinen Kopf. Spezialzahnbürsten für Ihren Hund gibt es beim Tierarzt, oder Sie besorgen im Drogeriemarkt die allerkleinste Babyzahnbürste. Die Mühe lohnt sich. Ihr Hund muss nicht so oft zum Zahnsteinentfernen, wenn Sie das Gebiss regelmäßig pflegen, und die Zähne bleiben länger gesund.

Massage und Tellington TTouch

Durch leichte Massagen an Augen und Ohren können wir unseren Hund während der täglichen Pflege beruhigen und sein Wohlbefinden fördern. Wir können Massagen aber auch einsetzen, um verspannte und schmerzende Muskeln zu lockern. So wird die Durchblutung angeregt und werden Heilprozesse gefördert.

mit Druck der Daumen oder der Handballen vom Kopf bis zum Schwanz. Massieren Sie immer in Richtung der Haare und nicht gegen den so genannten Strich. In Bereichen mit stärkeren Verkrampfungen, die Sie durch ein leichtes Zittern der Muskeln spüren können, reduzieren Sie den Druck und massieren die Muskulatur ganz vorsichtig, um Schmerzen zu vermeiden. Sonst verkrampft sich Ihr Hund und bekommt Angst vor Ihrer Berührung. Die Gliedmaßen kneten Sie mit beiden Händen vorsichtig von oben nach unten, bis sie ganz entspannt am Boden liegen. Auch die Zwischenzehenräume und am Kopf der Bereich um die Augen und am Ohrgrund sollten besonders einfühlsam massiert werden. Dies beruhigt und entspannt Ihren Hund. Danach decken Sie eine Decke über den verspannten Muskelbereich und lassen Ihren Hund ausruhen. Bandscheibenvorfälle oder schwerere Zerrungen müssen natürlich tierärztlich behandelt werden, aber Sie können mit Massagen das Wohlbefinden zusätzlich verbessern.

Der Tellington TTouch

Diese besondere Form der Massage hilft Tiere zu beruhigen, ihr Vertrauen wiederherzustellen und ihre Ängste und Schmerzen zu lindern. Die Gesundheit und das Wohlbefinden Ihres Hundes werden verbessert und die Verständigung und Harmonie zwischen Hund und Mensch wird gefördert.

Die massierende Hand führt hauptsächlich kreisende Bewegungen aus. Die Hand wird auf die Haut aufgelegt, der Daumen bleibt ruhig an einer Stelle. Mit den anderen 4 Fingern führt man mit unterschiedlich starkem Druck eine Kreisbewegung aus und verschiebt so die Haut in kreisförmiger Richtung. Diese Kreise werden an allen Körperbereichen so lange ausgeführt, bis sich die Muskulatur des Tieres entspannt und die Atmung verbessert. Der Massierende soll währenddessen selbst möglichst gleichmäßig atmen und sich entspannen. Das Ziel ist eine tiefe und verständnisvolle Verbindung zwischen Mensch und Hund. Auch Schmerzen und Verhaltensauffälligkeiten werden unter der TTouch-Behandlung deutlich besser.

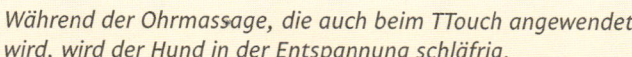
Während der Ohrmassage, die auch beim TTouch angewendet wird, wird der Hund in der Entspannung schläfrig.

Das macht dem Hund draußen Spaß

Spiel und Spaß für Hund und Halter

Das gemeinsame Spiel von Mensch und Hund soll nicht nur Spaß machen, sondern es festigt auch die Bindung zwischen Hund und Mensch, genauso wie bei den Hunden untereinander. Es gibt sehr viele Möglichkeiten, mit Hunden zu spielen. Ich will Ihnen diejenigen beschreiben, die jedem Hund Spaß machen und die keine besonderen Fähigkeiten verlangen – außer vielleicht ein bisschen Kondition.

Toben nach Herzenslust

Haben Sie schon einmal richtig mit Ihrem Hund getobt? Erinnern Sie sich an die Spiele junger Hunde – ein wildes gegenseitiges Jagen und Fangen. Ich verspreche Ihnen, Ihr Hund wird begeistert sein, wenn Sie mit ihm im Garten oder auf freier Wiese so richtig herumtollen.

Sie brauchen allerdings ein bisschen Kondition und dürfen sich vor Dreck nicht fürchten, denn beim Toben

Hunde machen begeisterte Sprünge, wenn sie einem Stock nachjagen. Sie können sich dabei so richtig austoben.

ist auch Anspringen erlaubt. Nehmen Sie eines seiner Lieblingsspielzeuge, das er gut mit den Zähnen packen kann, ein Spielseil oder seinen Stock. Wenn Sie ihn rufen und ihm seine »Beute« zeigen, wird er versuchen, Ihnen das Spielzeug abzujagen.

Laufen Sie so schnell Sie können und schlagen Sie, kurz bevor er Sie erreicht, ein paar Haken, um seinem Angriff zu entkommen. Natürlich haben Sie in der Regel keine Chance, ihm zu entwischen. Er ist viel schneller und vor allem wendiger als Sie, aber die Beute geben Sie noch lange nicht her. Halten Sie sie gut fest und ziehen und zerren Sie mit ihm um die Wette. Er wird versuchen, Ihnen durch heftiges Hin-und-Her-Schleudern die Beute zu entreißen. Irgendwann lassen Sie einfach los und drehen den Spieß um: Nun laufen Sie hinter ihm her, umkreisen ihn und packen ihn am Fell und versuchen die Beute zu greifen. Wenn Sie ihn nicht erwischen, bleiben Sie einen Moment stehen, um ihn näher heranzulocken. Mit Ge- schick können Sie ihn dann am Nacken packen und sogar umwerfen. Er wird versuchen, Sie ebenfalls spielerisch zu packen, um aus der hilflosen Lage zu entkommen, ohne Sie ernsthaft zu verletzen. Nur wenn er zu grob wird, heißt es Grenzen setzen. Ein Griff über den Fang mit einem klaren » Aus!« zeigt ihm, wenn er aus Versehen zu fest zugebissen hat. Das kann im Eifer des Gefechts schon einmal passieren, aber Ihr Hund muss lernen, vorsichtig mit Ihnen umzugehen, um Sie nicht zu verletzen.

Zur Ruhe kommen

Jagen, fangen oder am Boden kämpfen ist ein Riesenspaß für Ihren Hund und hoffentlich auch für Sie. Wenn Ihnen die Puste ausgeht, dann ist es freilich genug, auch wenn Ihr Hund noch lange nicht müde ist. Dieses Spiel ist für uns Menschen besonders anstrengend, da wir im Vergleich zum Hund sehr ungeschickte Läufer sind. Cara mit ihren 20 kg Körpergewicht konnte so fest an einem Stock ziehen, dass ich ihn nach einer Weile einfach loslassen musste. Gegen das Energiebündel Cindy mit ihren 36 kg hatte nur ihr Besit-

Nach ausgiebigem Toben genießt dieser Hund das Ausruhen im Gras und schläft zufrieden in der Nähe der Besitzer.

zer, ein großer kräftiger Mann, eine Chance zu gewinnen. Nebenbei wird einem bei diesen Spielen immer wieder bewusst, welche enorme Beißkraft im Kiefer eines Hundes steckt. Sie können ja große Knochen zerbeißen. Unser Arm wäre eine Kleinigkeit für sie. Wenn Ihr Hund spielerisch in Ihren Arm oder in Ihr Bein beißt, müssen Sie ihm das abgewöhnen, denn er findet sonst den Arm oder das Bein Ihres Nachbarn auch sehr interessant zum Spielen. Das gibt dann viel Ärger!
Spielen Sie deshalb lieber mit einem Stock oder einem Tau. Sie müssen das Spiel mit einem klaren Kommando beenden, denn Ihr Hund ist jetzt richtig aufgeheizt und in Rage und möchte noch endlos weitermachen. Sprechen Sie mit ruhiger, energischer Stimme und rufen Sie ihn zu sich her.
Lassen Sie ihn an Ihrer Seite »Platz« gehen, klopfen und kraulen Sie ihn und setzen Sie sich mit ihm auf die Wiese oder eine Bank. Genießen Sie die Nähe zu Ihrem vierbeinigen Freund. Nach einem gemeinsamen Spiel spüren Sie das Vertrauen Ihres Hundes besonders intensiv.

Balgerei um Ball und Stöckchen

Das beliebteste Spiel ist das Werfen von Stöckchen oder Ball. Es gibt, glaube ich, keinen Hundebesitzer, der es nicht mit seinem Hund spielt. Meine Hündin Cara war eine begeisterte Ballspielerin. Ein alter Lederfußball mit wenig Luft war ihr Lieblingsspielzeug. Nachdem ich ihr den Ball geworfen hatte, begann eine wunderbare Balgerei um die eben gefangene Beute. Sie ließ sich den Ball nicht so schnell abnehmen, sondern legte ihn immer ungefähr

Tipp Bei sehr sensiblen, unterwürfigen Hunden sollten Sie den Hund häufig gewinnen lassen, um sein Selbstbewusstsein zu stärken. Bei dominanten Hunden bleiben Sie lieber selbst der Sieger und zeigen Sie ihm spielerisch, dass Sie überlegen sind. Raufen Sie von Anfang an mit ihm um ein Spielzeug, in das er beißen darf.

2 m entfernt vor mir auf den Boden. Wenn ich zugreifen wollte, sprang sie zum Ball, packte ihn und rannte davon. Ich jagte hinter ihr her, aber erwischte sie nie. Blieb ich stehen, legte sie den Ball

Egal, ob Ball oder Stock, Cara liebte die Jagd nach ihrer Beute und sprang stolz und siegesbewusst um mich herum.

wieder vor mir ab. Sie lauerte, bis ich danach griff, und war immer wieder schneller. Manchmal hatte ich das Gefühl, sie lachte vor Freude, wenn sie mich wieder ausgetrickst hatte. Wenn ich sie ruhig zu mir rief, brachte sie den Ball und legt ihn vor meine Füße, damit ich ihn erneut werfen konnte. Sie fing ihn zum Teil ganz geschickt mit einem Sprung aus der Luft.

Egal, ob Sie einen Ball, einen Stock oder ein Tau mit Knoten werfen, es ist immer ein tolles Spiel für Hunde. Sie lieben die Jagd nach der Beute und bringen sie nach etwas Training auch brav dem Besitzer wieder zurück, denn nur so geht das Spiel ja weiter. Das Werfspiel ist für uns längst nicht so anstrengend wie für unseren Vierbeiner, der ständig hinter der Beute herrennt, und daher für Hunde, die man schwer auslasten kann, besonders gut geeignet.

Retriever sind hervorragende Schwimmer. Sie holen endlos Stöcke aus dem Wasser und schwimmen dabei mit hoch erhobenem Kopf.

Auf ins erfrischende Nass

Haben Sie einen Badesee oder einen Fluss in Ihrer Nähe, wo man mit Hunden baden darf? Dann sind die Werfspiele im Sommer, wenn es heiß ist, eine herrliche Erfrischung. Das Ufer sollte freilich nicht zu steil sein, und Sie müssen unbedingt auf gefährliche Strömungen im Wasser achten. Spielen Sie niemals in der Nähe von Stauwehren, denn die tiefe Strömung hat schon manch einem Hund das Leben gekostet. Ihr Spielzeug, egal ob Ball, Frisbee oder Stock, sollte auf jeden Fall gut zu sehen sein und natürlich schwimmen.

Fangen Sie auch hier langsam an, denn nicht jeder Hund springt gleich ins Wasser. Lassen Sie ihn zuerst ein bisschen abkühlen und an der Leine im flachen Wasser am Ufer laufen. Manch ein wasserscheuer Hund lässt sich mit einem Stock oder Ball, der im Wasser vor ihm schwimmt, schrittweise ins Wasser locken. Nun vergrößern Sie langsam den Abstand des Spielzeugs zum Ufer. Natürlich möchte Ihr Hund hinterher, aber anfangs ist ihm das Wasser noch unheimlich, und Sie müssen ihn ermutigen. Wenn Sie selbst im Wasser sind, schubsen Sie das Spielzeug immer wieder in seine Richtung. Sie werden sehen, irgendwann will er endlich sein Spielzeug holen und wagt sich ins tiefere Wasser. Nach den ersten Schwimmzügen spürt er, dass Schwimmen kein Problem für ihn ist, und wird begeistert sein Spielzeug an Land holen. Die meisten Hunde werden hervorragende Schwimmer, wenn sie ihre Beute spielerisch im Wasser fangen können. Wenn Ihr Hund wasserscheu ist, zwingen Sie ihn bitte nicht ins Wasser, sondern kühlen ihn vorsichtig mit Wasser, das Sie aus Ihrer Hand auf Beine und Rücken schöpfen, und werfen das Spielzeug am Ufer. Er soll ja freudig und ohne Angst mit Ihnen spielen können.

Mit den Kräften haushalten

Für Retriever, die als Jagdhunde für die Wasserjagd gezüchtet wurden, ist das Schwimmen eine Leidenschaft. Ich habe viele erlebt, die auch von höheren Uferstellen mit einem Riesensatz ins Wasser sprangen und zum Teil beim Fangen ihrer Beute sogar untertauchten. Sie können endlos hinter ihrem Spielzeug im Wasser herjagen. Da müssen wir dann Grenzen ziehen.
Bobby, ein etwas älterer Golden Retriever, war einen ganzen Nachmittag bei uns am Lech auf den Kiesbänken. Er sprang endlos ins Wasser und holte die Stöcke heraus, die ein paar Jugendliche für

ihn hineinwarfen. Alle hatten eine riesige Freude an dem Spiel. Am nächsten Tag kam der Besitzer mit Bobby in meine Praxis, weil er kaum aufstehen konnte und nicht mehr laufen wollte. Ich hatte die Jugendlichen mit Bobby am Vortag beim Baden und Spielen gesehen. Da er keine Verletzungen an den Pfoten hatte und auch kein Gelenk schmerzhaft oder entzündet war, blieb nur die Möglichkeit, dass er vor lauter Muskelkater nicht mehr laufen wollte. Er war diese Belastung einfach nicht mehr gewohnt. Nach 3 Tagen Ruhe und langsamen Spaziergängen waren alle Symptome verschwunden.

Nach dem Bade ...

Schwimmen ist ein gelenkschonendes Training für die gesamte Muskulatur, aber das ständige Heraus- und Hineinspringen ins Wasser ist auf die Dauer sehr anstrengend. Auch wenn Ihr Hund noch so begeistert ist, dürfen Sie ihn nicht überlasten. Gerade bei älteren Hunden können auch schwere Gelenk- und Rückenprobleme nach heftigem Spielen entstehen. Trocknen Sie Ihren Hund möglichst gut ab. Langes

nasses Fell kühlt die Muskulatur aus, wenn sich Ihr Hund nicht ständig bewegt oder in der warmen Sonne liegt. Deshalb sollten Sie bei kühleren Temperaturen oder gegen Abend Ihren Hund gut trocknen.
Die Ohren müssen nach Wasserspielen immer mit medizinischen Ohrreinigern gesäubert werden, um Wasserreste zu entfernen und Entzündungen vorzubeugen.
Auch Anka, eine Retrieverhündin, ist ein unglaublicher Wassernarr. Ihre Besitzerin kam häufig zu Fuß in meine Praxis, weil sie ohnehin spazieren gehen wollte. Sie entschuldigte sich jedes Mal bei mir, denn Anka sah immer

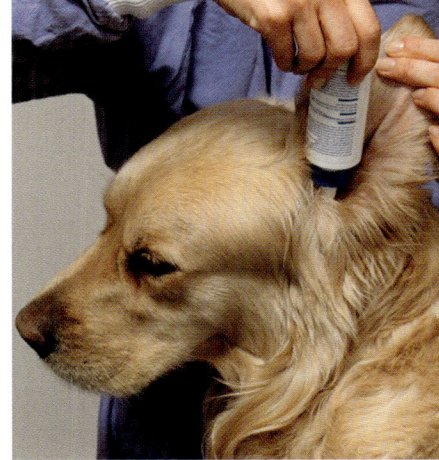

Nach dem Baden sollten die Ohren unbedingt gereinigt werden.

aus wie ein Schwein. Sie war von oben bis unten voller Dreck und dazu noch klatsch-nass.

Egal, welchen Weg sie nahm, Anka fand immer irgendein Gewässer oder auch nur eine Pfütze. Sie hüpfte jedes Mal hinein und wälzte sich dann im Dreck. Das geschah so schnell, dass die Besitzerin es nicht verhindern konnte. Wenn sie noch Zeit hatte, ging sie an einen Weiher, um Anka schwimmen zu lassen, damit der schlimmste Dreck abgespült wurde, denn sie traute sich so gar nicht in die Praxis.

Werfspiele im Winter

Im Winter bei weichem Pulverschnee sind Werfspiele ebenfalls herrlich, um Ihren Hund richtig auszupowern. Das Spielzeug muss natürlich ausreichend groß sein, damit Sie es im tiefen Schnee nicht gleich verlieren. Auch Bälle, an denen ein Seil befestigt ist, eignen sich hervorragend dafür. Bevor Sie mit dem Spiel beginnen, muss Ihr Hund unbedingt aufgewärmt sein. Er sollte mindestens 20 Minuten gelaufen sein. Wenn die Muskeln noch nicht ausreichend gelockert sind, können schnelle Drehungen

oder abruptes Bremsen bei Kälte zu schweren Zerrungen führen.

Spielen Sie möglichst auf bekanntem Gelände. Durch Schnee verdeckte Gräben oder Eisflächen sind wirklich gefährlich für Beine und Pfoten. Wenn Ihr Hund beim Stockfangen einknickt oder ausrutscht, suchen Sie bitte ein Gelände aus, das ein bisschen präpariert ist, oder brechen Sie das Spiel ab.

Ihr Hund findet das Toben und Beutejagen im Schnee genauso herrlich wie im Wasser. Viele Hunde tauchen manchmal mit dem ganzen Kopf in Schneehaufen hinein, um ihren Stock oder Ball zu suchen, der im weichen Schnee einsinkt. Machen Sie dennoch öfter mal eine Pause und kontrollieren die Pfoten, da oft Schnee zwischen den Zehen als Eisklumpen hängen bleibt und schmerzhaft drückt.

Schneefressen ...

Hunde fressen auch gerne viel Schnee, wenn sie vom vielen Laufen erhitzt sind. Wenn sie zu viel davon aufnehmen, entzünden sich Rachen, Magen und Darm. Dies führt zu heftigem Erbrechen mit zum Teil blutigem Durch-

Der Husky ist in seinem Element. Spiele im Schnee sind für ihn die schönste Beschäftigung.

Dieser Altdeutsche Schäferhund trabt aufmerksam durch das verschneite Gebüsch.

Tipp Auch beim Spiel im Schnee gilt: Überlasten Sie Ihren Hund nicht. Sprünge im weichen Tiefschnee sind besonders anstrengend, und auf festgefahrenem Schnee rutscht Ihr Hund häufig aus. Beides ist ausgesprochen anstrengend. Gehen Sie nach einer Weile mit dem Spielzeug weiter und werfen Sie es nicht mehr. Ein klares Kommando wie »Schluss!« oder »Aus!« sagt ihm, dass er zur Ruhe kommen soll.

... und andere Gefahren

Werfen Sie Ihr Spielzeug nicht in den Wald oder ins Unterholz. Ihr Hund kann dort Wild aufstöbern und hinterherjagen oder einer frischen Spur folgen. Sie würden ungewollt seinen Jagdtrieb anstacheln

fall. Bitte lassen Sie deshalb Ihren Hund auch keine Schneebälle fangen und füttern Sie zwischendurch ein paar Hundekuchen oder Reiswaffeln. So schützen Sie die empfindliche Magenschleimhaut vor dem eisigen mineralarmen Schneewasser, das viele Schadstoffe enthält. Jedes Jahr nach dem ersten Schnee muss ich Hunde mit diesen schweren Magen-Darm-Entzündungen behandeln. Den Vierbeinen geht es richtig schlecht, und sie haben heftiges Bauchweh. Sie benötigen Infusionen, oft auch Schmerzmittel und Antibiotika, und nach einem Fastentag eine strenge Magen-Darm-Diät. Jedes Mal

erzählen die Besitzer, wie nett ihr Hund im Schnee getobt hat. Er sei begeistert hinter den Schneebällen hergesprungen und habe sie ganz toll gefangen.
Keinem ist bewusst, wie krank ein Hund durch Schneefressen werden kann. Ich rate dringend vom Schneeballwerfen mit Hunden ab, denn er schluckt sie meistens herunter, wenn sie in seinem Maul zu schmelzen beginnen. Werfen Sie einen Ball oder einen größeren Stock. Auch dabei nimmt Ihr Hund Schnee auf, aber die Menge ist wesentlich geringer. Ein bisschen Futter für unterwegs schützt den Magen und den Darm zusätzlich.

 Resümee

Werfspiele machen allen Hunden Spaß, aber sie sind nur für Hunde geeignet, die keine Herz- oder Kreislaufprobleme haben. Auch Tiere mit Gelenk- oder Wirbelsäulenproblemen müssen darauf verzichten, da die Verletzungsgefahr zu hoch ist. Lassen Sie in diesen Fällen den Stock oder Ball auf den Hund zurollen, damit er ihn leicht fangen kann. Im Wasser lassen Sie den Stock vor ihm treiben. So kann er hinterherschwimmen. Auf diese Art vermeiden Sie große Sprünge, starke Drehungen und plötzliches Abbremsen und schonen die Gelenke.

und viel Ärger mit den örtlichen Jägern bekommen, da das Wild besonders im Winter und auch im Frühling mit den Jungtieren seine Ruhe braucht. Außerdem besteht dort die Gefahr von Verletzungen durch Äste oder weggeworfene Flaschen und von massivem Zeckenbefall besonders in den wärmeren Jahreszeiten. Auf offenem Gelände wie frisch gemähten Wiesen können Sie diese Gefahren vermeiden.

Versteckspiele
Wesentlich ruhiger geht es bei Versteckspielen zu. Sie sind deshalb auch gut für junge oder ältere Hunde geeignet, weil die Gelenke nicht stark belastet werden. Da Ihr Hund nicht von Anfang an versteht, dass er seinen Begleiter suchen soll, üben Sie am besten mit einer

Tipp
Alle Hütehunderassen sind von Natur aus sehr menschenbezogen und haben immer das Bedürfnis, ihre Herde, sei es die Familie oder eine Gruppe von Spaziergängern, zusammenzuhalten. In ihrem ursprünglichen Beruf würden sie ein verlorenes Schaf suchen. Sie haben einen gering ausgeprägten Jagdtrieb und sind begeisterte Sucher, da sie sehr stark auf ihre Bezugsperson geprägt sind.

Hilfsperson, die Ihr Hund gut kennt. Ihr Helfer ruft den Hund zu sich und lässt ihn abliegen und hält ihn am Halsband oder mit der Leine fest, denn er möchte Ihnen nachlaufen. Sie entfernen sich möglichst unbemerkt, während Ihr Helfer den Hund ablenkt, und verstecken sich hinter einem Baum oder Busch in der Nähe. Gerade junge Hunde fühlen sich oft ganz verlassen, wenn ihre Bezugsperson plötzlich verschwunden ist. Nun rufen Sie Ihren Hund beim Namen, und Ihr Begleiter lässt ihn mit dem Kommando »Such!« von der Leine. Ist Ihr Hund ganz ratlos, läuft er mit ihm ein kurzes Stück in Richtung Versteck, und Sie rufen ihn noch einmal. Der Hund wird sich zunächst an Ihrem Ruf aus dem Versteck orientieren und Sie schnell finden. Die Freude über das Wiederfinden ist dann riesig, und Sie sparen nicht mit Lob und Anerkennung. Je schneller Ihr Hund Ihr Versteck findet, desto besser müssen Sie sich verstecken. Sie sollten ihn aus größerer Entfernung dann nur noch einmal rufen, um ihm die Richtung zu zeigen, in der er suchen soll. Da er Sie aber nicht gleich findet, wird er

nach einer Weile seine Nase gebrauchen und Ihre Spur suchen. Er wird sich jedes Mal riesig freuen, wenn er Sie gefunden hat, und sollte immer belohnt werden. Das spornt ihn an, beim nächsten Mal noch besser zu suchen. Hunde mit stark ausgeprägtem Jagdtrieb sollten während des Suchens an einer langen Leine geführt werden, da sie sich durch frische Wildspuren oft ablenken lassen oder der Wildspur folgen, statt ihren Besitzer zu suchen. Meine Hündin Cara trottete manchmal beim Spaziergang so vor sich hin und entfernte sich immer weiter von mir, ohne es zu bemerken. Ich versteckte mich dann öfter hinter einem Busch und wartete, was geschah. Es dauerte nicht lang, bis sie bemerkte, dass ich fehlte. Sie lief sofort zurück an die Stelle, wo ich verschwunden war, und begann zu suchen, bis sie mich fand. Von da ab blieb sie immer in meiner Nähe und achtete darauf, dass sie mich nicht aus den Augen verlor.

»Such den Ball!«
Die Suche nach einem versteckten Spielzeug ist we-

Der kleine Boxer möchte zu gern das Spielzeug haben. Der Besitzer kann sicher sein, dass er es begeistert sucht.

rade mit Ihnen Ballfangen gespielt hat, wird er wissen, dass er seinen Ball suchen soll, und aufgeregt im Garten hin und her laufen und nach dem Ball schauen. Anfangs ist die Suche noch nicht sehr gezielt und Sie müssen ihm ein bisschen helfen. Hat er aber die Witterung des Balls und des Leckerlis aufgenommen, wird er seine Nase gebrauchen, bis er den Ball gefunden hat. Das Leckerli und Ihr anerkennendes Streicheln und Loben werden ihn anspornen, immer besser und schneller sein Spielzeug zu suchen. Von da an können Sie das Spiel immer schwieriger gestalten. Lassen Sie ihn zum Beispiel mehrere Spielzeuge suchen und wählen Sie immer schwierigere Verstecke.

sentlich schwieriger und sollte zunächst im Garten ohne Ablenkung geübt werden. Am besten wählen Sie das Lieblingsspielzeug Ihres Hundes, denn er kennt in der Regel nach kurzer Zeit den Namen des Spielzeugs. Er muss ja wissen, was er suchen soll. Lassen Sie uns wieder den heißgeliebten Ball als Beispiel nehmen. Ihr Hund hat den Ball schon häufig gefangen und stolz als Beute herumgetragen, sodass er einen intensiven Geruch hat. Zunächst werfen Sie den Ball ein paar Mal und lassen ihn von Ihrem Hund zurück-

bringen. Wenn Ihr Hund das Kommando »Bleib!« kennt, lassen Sie ihn abliegen, wenn nicht, sollte eine zweite Person ihn an der Leine abliegen lassen. Sie zeigen ihm den Ball und verstecken ihn dann hinter einer Gartenhütte oder unter einem Busch. Zur Erleichterung können Sie noch ein gut riechendes Leckerli darunterlegen. Ihr Hund darf die Richtung, in die Sie gehen, ruhig sehen, aber natürlich nicht, wo Sie den Ball verstecken. Sie gehen zu ihm zurück und lassen ihn jetzt gehen mit dem Kommando »Such den Ball!«. Da er ge-

 Resümee

Versteckspiele sind für alle Hunde in jedem Alter geeignet. Sie können sie in der Wohnung oder draußen spielen. Bei verletzten oder kranken Hunden kann man so die oft langweiligen Wochen der Schonung abwechslungsreich gestalten und die Patienten wunderbar beschäftigen. Nebenbei lernen sie Kommandos wie: »Such!« oder »Bleib!« und freuen sich über Ihr Lob und Ihre Zuwendung.

Die ganze Familie ist mit den beiden Huskys unterwegs. Da diese sehr gerne jagen, müssen sie an den ausziehbaren Flexileinen laufen.

Spannende Spaziergänge

Auf meinen Hundespaziergängen begegne ich häufig Hundebesitzern, die mit ihrem Hund täglich den gleichen Weg gehen. Die Hunde müssen immer an der Leine laufen, weil sie nie gelernt haben zu gehorchen. Sie dürfen natürlich auch nicht zu einem anderen Hund hinlaufen, um ihn zu beschnup-

pern, weil die Besitzer Angst vor Raufereien haben. Auf die Dauer sind solche Spaziergänge für Ihren Hund und, wenn Sie ehrlich sind, auch für Sie total langweilig. Ihr Hund spürt die Angst und Unsicherheit, die sein Halter ausstrahlt. Spiele und Kontakte mit anderen Hunden unterbleiben. Dies führt letztendlich zu unausgeglichenem und oft auch aggressivem Verhalten, da die Grundbedürfnisse des Hundes nicht befriedigt werden.

Abwechslung zur »kleinen Runde«

Ihr Hund muss natürlich mehrmals täglich sein Geschäft erledigen. Dafür ist eine konstante Runde sinnvoll, denn so lernt er, nicht überall sein Geschäft zu machen, und Sie wissen auch, wie weit Sie mit der Hundetüte gehen müssen, um sie ordnungsgemäß entsorgen zu können. Kein Mensch möchte verständlicherweise stundenlang die Hinterlassenschaften mit sich herumtragen.

Aber einmal am Tag sollte Zeit sein für den großen Spaziergang, der Ihnen und Ihrem Hund richtig Spaß macht. Machen Sie aus Ihrem großen Hundespaziergang ein richtiges Abenteuer für Ihren Hund. Wählen Sie häufig verschiedene Gegenden aus. Ihr Hund soll Felder, Wald, Flussauen und Seeufer genauso kennen lernen wie Parks mit Menschen und auch verkehrsreiche Innenstädte.

Raus in die freie Natur!

Am erholsamsten sind natürlich die Spaziergänge in der freien Natur. Dort können Sie sich in Ruhe mit Ihrem Hund beschäftigen und ihm viel Abwechslung bieten. Packen Sie ein Spielzeug und auch ein paar Leckerlis ein. Für Hunde, die noch nicht zuverlässig gehorchen, möglichst eine kurze und eine lange Leine.

Die erste Viertelstunde soll Ihr Hund in Ruhe schnuppern können und seine Bedürfnisse erledigen. Er lockert gleichzeitig seine Muskulatur und lernt die neue Umgebung kennen. Dann dürfen Sie mit dem mitgebrachten Spielzeug oder einem glatten Stock nach Herzenslust spie-

len. Egal, ob Sie ihn sein Spielzeug fangen lassen oder mit ihm um den erbeuteten Stock raufen oder zerren – er kann sich jetzt richtig austoben. Das heißt, er darf natürlich ohne Leine laufen. Im Sommer, wenn es heiß ist, können Sie ihn mit dem Werfspielzeug in einen Badesee locken, um ein wenig zu schwimmen.

Ihr Hund würde sicher endlos weiterspielen, aber Sie sollten ihn noch etwas fordern. Erinnern Sie sich an einige Übungen aus der Hundeschule. Ich nenne es Vokabeln üben. Wiederholen Sie

alle Kommandos, die Ihr Hund schon gelernt hat. Eine Viertelstunde konsequentes Training mit viel Lob und auch ein paar Leckerlis, wenn er die Übungen richtig macht, lassen ihn begeistert bei der Arbeit sein und sich auf seinen Rudelführer konzentrieren. Wenn die Konzentration nachlässt, beenden Sie das Kurztraining, denn es soll ja Spaß machen und nicht in Arbeit ausarten. Lassen Sie ihn wieder ganz in Ruhe und entspannt laufen und schnuppern. Wenn er sich zu sehr für Wildspuren, Jogger, die an Ihnen vorbei-

Nach einer ausgiebigen Spielphase machen beide Hunde Pause. Sie beobachten genau, was ihr Herrchen vorhat.

laufen, oder andere Spaziergänger interessiert, ist es Zeit für weitere Abwechslungen. Fordern Sie ihn während des Spaziergangs mit kleinen Geschicklichkeitsübungen.

Balancieren und Springen

Liegende Baumstämme am Wegrand im Wald eignen sich hervorragend zum Balancieren. Wählen Sie zunächst einen möglichst dicken Stamm und setzen Sie Ihren Hund vorsichtig darauf oder lassen ihn hochspringen. Da er meistens gleich wieder herunterspringt, müssen Sie ihn zunächst festhalten, wenn er oben steht. Nun führen Sie

ihn langsam über den ganzen Stamm. Loben Sie ihn, wenn er über den Stamm gelaufen ist. Beim zweiten Mal helfen Sie ihm nur noch bei den ersten Schritten und laufen neben ihm bis zum Stammende. Ihr Hund freut sich riesig, wenn er wieder belohnt wird. Natürlich wollen Sie irgendwann weiterspazieren, deshalb üben Sie nur ein paar Mal und gehen dann wieder weiter. Sie finden immer wieder einen geeigneten Stamm zum Balancieren. Je sicherer Ihr Hund über die Stämme läuft, desto schmaler können Sie den Stamm wählen. So lernt er auch spielerisch, über ein schma-

les Brett zu laufen, das über einem Graben liegt.
Sprünge über Hindernisse wie liegende Bäume, Holzstapel oder Hecken lassen sich mit dem Werfspielzeug wunderbar üben. Vergewissern Sie sich, dass das Hindernis nicht verrutschen kann und keine Dornen oder spitze Äste hervorschauen, damit sich Ihr Hund nicht verletzt. Achten Sie bei Sprüngen bitte auch immer darauf, dass der Boden davor und dahinter elastisch und nicht rutschig ist, um Verstauchungen durch Ausrutschen oder Umknicken zu vermeiden. Ebene Wiesen oder Waldwege eignen sich gut dafür.
Über ein niederes Hindernis können Sie gemeinsam mit Ihrem Hund springen. Rufen Sie beim Absprung deutlich das Kommando »Hopp!«. Dann steigern Sie die Höhe schrittweise und laufen im gleichen Tempo mit einem Spielzeug bis zum Hindernis. Werfen Sie das Spielzeug unmittelbar vor dem Sprung darüber, sodass Ihr Hund es sehen kann, und rufen wieder ein deutliches »Hopp!«. Er wird keine Schwierigkeiten haben, Höhen zu überspringen, die seiner Körpergröße entsprechen. Bei höheren

Die Besitzerin läuft neben dem Baumstamm her, um ihrem Hund langsam die Angst vor dem Balancieren zu nehmen.

Hindernissen lassen Sie ihn ausreichend Anlauf nehmen, um genügend Schwung für den Sprung zu haben. Nach anfänglichem Zögern wird er sicher versuchen, das Hindernis zu nehmen. So können Sie auch Sprünge über Wassergräben trainieren.

Amiga, Kora und Cara, drei Border Collies, alle gut trainiert und schlank, waren bei unseren gemeinsamen Spaziergängen begeisterte Ball- und Stöckchenspieler. An einer Hecke, die eine Wiese umgab, ließen wir sie mit ihrem Spielzeug Sprünge üben. Alle drei übersprangen mühelos eine Hecke, die mindestens doppelt so hoch wie ihre Körpergröße war. Es war eine Freude, ihnen zuzuschauen. Border Collies wurden ursprünglich zum Hüten von Schafen gezüchtet. Dabei mussten sie die Umzäunung einer Schafweide überspringen können. Hunde, die Probleme mit den Hüften oder den Gelenken hatten, eigneten sich nicht für diese harte Hütearbeit und wurden früher von der Zucht ausgeschlossen. Leider werden auch diese Hunde inzwischen mehr nach Aussehen gezüchtet, sodass erbliche Gelenkschwächen häufiger werden.

Ein perfekter Sprung über eine Mauer, ohne sie zu berühren. Dieser Hund ist gut trainiert.

Übertreiben Sie es aber nicht, selbst wenn Ihr Hund locker über höhere Hindernisse springt. Bei Sprüngen werden die Gelenke und der Rücken stark belastet. Schwerfällige Hunde und Hunde mit bekannten Gelenkschäden dürfen deshalb auf keinen Fall höhere Sprünge üben.

Spiel und Spannung

Auch kleine Mutproben wie das Überqueren eines schmalen Steges oder das Durchlaufen einer Röhre lassen sich während des Spaziergangs üben. Ihr Hund braucht dazu allerdings viel Vertrauen und Ermutigung von Ihrer Seite.

Wenn Sie schon häufiger Balancierübungen mit ihm gemacht haben, ist das Überqueren eines schmalen Steges nicht so schwierig. Wenn Sie nebeneinander gehen können, lassen Sie ihn zunächst angeleint neben Ih-

Tipp Geschicklichkeitsübungen lassen sich sehr gut auch zu Hause im Garten trainieren. Balancieren kann Ihr Hund auf einem Brett, und Sie können damit auch ein Hindernis für ihn aufbauen. Üben Sie jedoch niemals den Sprung über den Gartenzaun. Er bleibt dann nicht mehr zuverlässig im Garten, wenn Sie nicht dabei sind. Die Gefahr, dass Ihr Hund Passanten erschreckt oder dass er selbst auf der Straße überfahren wird, ist einfach zu groß.

nen bei Fuß gehen. Wiederholen Sie das mehrmals und lassen Sie ihn dann auf der anderen Seite des Stegs »Sitz!« machen. Gehen Sie nun langsam über den Steg und rufen Sie ihn zu sich, wenn Sie an der anderen Seite sind. Traut er sich nicht über den Steg, gehen Sie ihm bis zur Mitte entgegen. Haben Sie Geduld mit ihm. Es ist nicht so einfach, Ängste zu überwinden. Wenn der Steg sehr schmal ist, muss Ihr Hund von Anfang an alleine darüber laufen. Bei kurzen Gräben können Sie nebenherlaufen wie beim Balancieren über den Baumstamm. Leinen Sie ihn an

und gehen Sie langsam voraus. Rufen Sie ihn dann oder locken Sie ihn mit einem Leckerli. Ziehen Sie ihn auf keinen Fall an der Leine, denn dann wird er unsicher. Ermutigen Sie ihn vielmehr, bis er von selbst über den Steg zu Ihnen läuft. Belohnen Sie ihn kräftig für seinen Mut. Er soll spüren, dass es ein großer Vertrauensbeweis ist, wenn er seine Angst überwindet, um zu Ihnen zu gelangen. Auch das Laufen durch eine Röhre erfordert Mut von Ihrem Hund. Sie kennen sicher die großen Wasserrohre, die an Übergängen von Straßengräben oder an Entwässerungsgräben eingebaut sind. Sie

sind nicht besonders lang, und man kann gut hindurchschauen. Sofern sich kein Wasser in der Röhre befindet und der Durchmesser so groß ist, dass Ihr Hund aufrecht durchlaufen kann, dürfen Sie ihn hindurchschicken. Am besten gelingt das wieder mit einem Spielzeug wie dem Ball. Ihr Hund bleibt bei Ihnen, während Sie den Ball in die Röhre werfen. Nun schicken Sie Ihren Hund mit dem inzwischen bekannten Kommando »Such den Ball!« in die Röhre. Sobald er sich getraut, in die Röhre zu gehen, läuft er beim nächsten Ballwurf durch die Röhre hindurch. Ist er anfangs zu ängstlich, um hineinzugehen, muss eine zweite Person Ihren Hund vom anderen Ende der Röhre mit einem Leckerli oder dem Spielzeug locken. Sie können das Spielzeug auch Schritt für Schritt immer weiter in die Röhre werfen. Lassen Sie ihn die Beute immer wieder aus der Röhre holen, bis er dann irgendwann doch hindurchläuft. Belohnen Sie ihn immer wieder überschwänglich und zeigen Sie ihm, wie stolz Sie auf ihn sind. Er wird immer mehr an Selbstbewusstsein gewinnen, wenn er kleine Mutproben besteht.

Der kleine Terrier läuft mutig durch den Tunnel. Seine Körpersprache zeigt ein ausgeprägtes Selbstbewusstsein.

Gerade Dackel und Jack Russel Terrier sind besonders mutige und begabte Hunde, wenn sie in einen Tunnel geschickt werden. Ihre ursprüngliche Aufgabe bestand darin, einen Fuchs aus dem Fuchsbau herauszujagen. Stellen Sie sich vor, Sie müssten in eine dunkle Röhre hinein, an deren Ende ein Raubtier lauert! Diese tapferen Hunde haben keine Scheu, dort hineinzukriechen. Wenn Sie Ihren Terrier oder Dackel nicht jagdlich nutzen, dann sollten Sie ihm immer wieder Aufgaben geben, die seinen Mut herausfordern. Wenn diese Hunde nicht beschäftigt werden, können sie viel Unsinn anstellen.

Henry, ein unterbeschäftigter Jack Russel Terrier aus einem Reitstall, war zu Menschen sehr freundlich. Da sich niemand intensiv um ihn kümmerte und ihn beschäftigte, stellte er ständig etwas an. Er lief davon und tötete alle Hühner im Nachbargrundstück. Die Besitzer sperrten ihn daraufhin meistens in eine Pferdebox. Das war für diesen intelligenten und jagdeifrigen Hund eine harte Strafe. Doch damit nicht genug, nach einigen Monaten

Zusammen spielen und toben ist ein herrliches Erlebnis auf einem Spaziergang. Auch hier lernen Hunde Dominanz und Unterwerfung.

tötete er zum Entsetzen der Besitzer auch noch die Katze aus dem Reitstall, die er nicht leiden konnte.

Dieser Hund hätte einen Besitzer gebraucht, der viel Zeit mit ihm verbringt oder ihn jagdlich ausbildet und entsprechend beschäftigt. Dann wäre es wahrscheinlich nie so weit gekommen.

Zu mehreren macht's noch mehr Spaß

Der Spaziergang zusammen mit einem anderen Hund oder gar einer Hundegruppe ist für Ihren Hund besonders abwechslungsreich. Im Vor-

dergrund steht das Spiel der Hunde untereinander. Sie toben miteinander, fangen und jagen sich gegenseitig und haben einen Riesenspaß dabei. Das ist eine willkommene Abwechslung, und Ihr Hund kann sich mal richtig austoben. Seien Sie aber bitte vorsichtig beim Spielzeugwerfen. Aus dem zunächst harmlosen Spiel befreundeter Hunde kann eine heftige Rauferei um die Beute entstehen.

Vermeiden Sie deshalb Beutespiele, wenn sich die Hunde nicht sehr gut kennen und verstehen. Geschicklichkeitsspiele wie Balancieren oder Sprünge über Hindernisse und kleine Mutproben lassen sich gemeinsam wunderbar üben. Die Hunde lernen sogar voneinander und sind mit Eifer dabei. Gemeinsames Üben von Kommandos wie »Sitz!«, »Platz!«, »Bleib!« oder »Bei Fuß!« ist in einer Gruppe wesentlich schwieriger als alleine, weil sich Hunde gerne ablenken lassen. Aber es ist eine sehr gute Übung, denn Ihr Hund muss sich wirklich auf Ihr Kommando konzentrieren und lernt dadurch, dass der Rudelführer, in diesem Fall Sie, das Sagen hat – egal, was um ihn herum geschieht.

Viele Hundegruppen laden an Wochenenden zu gemeinsamen Spaziergängen ein. Da sich die Hunde aus dem gemeinsamen Training kennen, gibt es keine Raufereien, und sie können ohne Anforderung miteinander spielen und schnuppern. Das ist für alle sehr entspannend. Wollen Sie sich gemütlich mit Freunden beim Spaziergang unterhalten und ist Ihr Hund eher ein Anhängsel, den man wenig beachtet, macht er sich häufig selbstständig, läuft hinter Wildspuren her oder

Beide Bobtails kümmern sich wenig um ihre Besitzer. Sie ziehen lieber an der Leine, statt bei Fuß zu gehen.

jagt gar vorbeilaufende Jogger. Sie bekommen in jedem Fall Ärger. Nehmen Sie ihn in einem solchen Fall lieber an die Langleine und lassen Sie ihn erst wieder frei laufen, wenn Sie aufmerksam sein und ihn beschäftigen können.

Begleitung beim Sport

Wanderungen mit Vierbeinern

Die schönste Sportart für Ihren Hund sind ausgedehnte Wanderungen. Der Hund ist ein ausgesprochenes Lauftier und kann bei Wanderungen

sein Tempo selbst bestimmen. Er kann in Ruhe schnuppern und zwischendurch auch spielen. Ich gehe davon aus, dass Sie täglich mit ihm spazieren gehen und ihn auch spielerisch viel bewegen. So hat er meist genügend Kondition für eine längere Wanderung. Fangen Sie dennoch langsam an und beobachten Sie vorher Ihren Hund, ob er bei längeren Spaziergängen zu Hause gesundheitliche Probleme hat. Achten Sie auf jede noch so geringe Lahmheit nach längerer Belastung und beobachten Sie, wie schnell er sich nach längerem Rennen wieder erholt. Wenn es keine Probleme gibt, dann kann es losgehen.

Es ist eigentlich selbstverständlich, dass Sie bei großer Hitze keine Wanderungen planen. Das tut weder Ihnen noch Ihrem Hund gut. Am besten wählen Sie einen schönen Herbsttag. Bei der Auswahl der Tour achten Sie bitte darauf, ob Sie in Hütten oder Gasthäusern mit Ihrem Hund Pause machen können, und vergewissern Sie sich, ob sie geöffnet sind. Wenn nicht, dann packen Sie auch für Ihren Hund ein richtiges Picknick ein und vor allem ausreichend viel Wasser. Rechnen Sie immer damit, dass auch in Wanderkarten eingezeichnete Bäche nach langen heißen Sommern ausgetrocknet sein können. Ihr Hund kann gut einen Tag auf Futter verzichten, aber niemals auf ausreichend Flüssigkeit.

Ins Hundegepäck gehören Halsband mit Adressenanhänger und Leuchtanhänger für die Dunkelheit, bei Bergtouren auch ein sicheres Geschirr zum Sichern an Steilstellen, Futter, Wasser, kleines Verbandszeug mit Jodsalbe und Binden für Pfotenverletzungen, Pinzette zum Entfernen von eingetretenen Fremdkörpern oder Zecken und für Notfälle ein

passender Hundeschuh. Denken Sie auch daran, dass in größerer Höhe die Augen durch grelles Licht und Wind stark gereizt werden können, dagegen hilft ein Augengel, das Bepanthen enthält. Es ist rezeptfrei in jeder Apotheke erhältlich. Vergessen Sie auch den Impfpass Ihres Hundes nicht. Neben den eingetragenen Impfungen finden Sie dort auch die Nummer des Mikrochips, der zur Kennzeichnung bei Grenzübertritt vorgeschrieben ist. Falls Ihr Hund davonläuft, können Sie mit Hilfe der äußeren Beschreibung und der Chipnummer genaue Angaben über Ihren entlaufenen Hund

Tipp Bei kleineren Hunden, die möglicherweise schneller ermüden, ist ein Hunderucksack sinnvoll, mit dem Sie Ihren Hund zeitweise tragen können. Sie sollten das aber vorher üben, um auch selbst zu spüren, ob Sie das Gewicht dauerhaft tragen können. Sie haben ja auch noch Ihr eigenes Gepäck.

machen und sofort Suchaktionen starten.

Im Frühtau zu Berge ...

Ist die Ausrüstung gepackt, können wir losmarschieren. Ihr Hund ist schon ganz aufgeregt, weil er die Vorbereitungen gesehen hat. Er will natürlich begeistert losstür-

Cara war eine Begleiterin bei allen Bergtouren. Selbst schwierige Wegstrecken meisterte sie ohne Probleme.

men wie immer, wenn der große Spaziergang beginnt. Versuchen Sie ihn zu bremsen, denn er weiß ja nicht, dass eine Wanderung weitaus länger dauert als der normale Spaziergang und er mit seinen Kräften haushalten muss. Lassen Sie deshalb auch Werfspiele, die seine Kräfte stark beanspruchen, lieber bleiben.

Achten Sie darauf, dass Ihr Hund möglichst gleichmäßig mit Ihnen weiterläuft. Ein ständiges Vor- und Zurücklaufen ist auf die Dauer sehr anstrengend. Manch ein Hund legt den doppelten bis dreifachen Weg bei einer Wanderung zurück. Je nach Länge der Wandertour kann ihn das an seine körperliche Grenze bringen.

Wenn Ihr Hund zuverlässig gehorcht, darf er selbstverständlich frei laufen, ansonsten sollte er in fremder Umgebung lieber an einer langen Leine geführt werden. Sie halten ihn in jedem Fall immer in Ihrer Nähe. Gerade bei Wanderungen im Gebirge ist das zu seiner Sicherheit sehr wichtig. Er sollte in keinem Fall Wild oder weidende Tiere verfolgen. Das gibt mit Recht großen Ärger mit den zuständigen Jägern und Landwirten

Am Gipfel angekommen, ist Zeit für eine große Pause mit Picknick für Mensch und Hund.

und ist meistens auch lebensgefährlich. Es kommt immer wieder vor, dass jagende Hunde im Gebirge abstürzen.

Eine Rast muss sein

Denken Sie rechtzeitig an kleine Pausen, kontrollieren Sie die Pfoten und geben Sie ihm immer zu trinken. Da die Pfoten besonders stark beansprucht werden, sollten Sie sie unterwegs häufig mit Pfotenschutzsalbe oder Melkfett einfetten, um die Ballen zu schützen.

Am schönsten ist bei einer Wanderung das gemeinsame

Picknick an einem ruhigen Platz. Geben Sie Ihrem Hund nur eine kleine Futterration, da sonst der Magen während des Laufens zu sehr belastet ist. Da Hunde nach Trockenfutter sehr viel trinken müssen und das Futter extrem im Magen aufquillt, empfehle ich immer eine kleine Portion Nassfutter. Bei Hunden, die von Haus aus wenig trinken, mischt man zusätzlich Wasser unter das Futter. Nach dem Essen sollten Sie mit Ihrem Hund ein wenig ausruhen. Sie brauchen beide noch Kraft für den Rückweg. Widerstehen Sie den Spielaufforderungen Ihres Hundes und lassen Sie ihn an Ihrer Seite abliegen. Genießen Sie die gemeinsame Ruhe mit Ihrem vierbeinigen Begleiter. Nachdem Sie sich erholt haben, geht es weiter, bevor die Beine richtig müde werden, denn Ihrem Hund geht es genauso. Bei langen Abstiegen im Gebirge werden die Beinmuskeln nochmals sehr stark beansprucht. Kleine Hunde, die deutlich zeigen, dass sie nicht mehr laufen wollen, tragen Sie am besten im Hunderucksack. Zwingen Sie niemals einen erschöpften Hund, noch weite oder gar steile Strecken zu laufen. Die Verletzungsgefahr ist gerade dann extrem groß. Vergessen Sie nicht, auch auf dem Rückweg kleine Pausen zu machen.

Rechtschaffen müde

Zu Hause angekommen, müssen Sie Ihren Hund zunächst gründlich bürsten, um Schmutz und Kletten oder Tannennadeln aus dem Fell zu entfernen. Wenn nötig, waschen Sie Beine, Pfoten und Bauch mit warmem Wasser mit etwas Babyöl und suchen Sie die Haut nach Zecken ab. Pflegen Sie die Pfoten nochmals mit Melk-

fett, das Sie in die Ballenhaut einmassieren. Überschüssiges Fett wird danach mit Küchenpapier abgewischt, um Ausrutschen und Fettflecken auf dem Boden zu vermeiden. Jetzt gibt es noch eine größere Portion Futter und dann endlich der wohlverdiente Schlaf. Sie werden Ihren Hund selten so ruhig und zufrieden schlafen sehen wie nach einer langen, abwechslungsreichen Wanderung. Ich kenne viele Hundebesitzer, die begeistert mit ihren Hunden ins Gebirge fahren, um zu wandern, und kann bestätigen, dass es nichts Schöneres gibt, als gemeinsam mit seinem Hund die Natur und die Berge zu erleben. Meine beiden Hündinnen haben mich jahrelang auf vielen Bergtouren begleitet. Die gemeinsame Anstrengung und die gemeinsamen entspannenden Momente mit Picknick und Mittagsschlaf haben uns fest zusammengeschweißt. Sie liefen immer an der Spitze der Gruppe und schauten, dass alle zusammenblieben. Selbst Freunde, die anfangs vor Hunden Angst hatten, waren am Ende der gemeinsamen Wanderung begeistert und hatten ihre Scheu verloren.

Resümee

Es gibt keinen besseren Begleiter für eine Wanderung als einen Hund. Planen Sie die Touren jedoch sorgfältig und wählen Sie die Länge und den Schwierigkeitsgrad so, dass Ihr Hund die Strecke ohne Probleme schafft. Ein bisschen Muskelkater am nächsten Tag ist normal, aber stärkere Lahmheiten zeigen, dass Sie Ihren Hund überfordert haben. Auch hier gilt: Fangen Sie lieber langsam an und trainieren Sie die Kondition Ihres Hundes fortlaufend.

Nach der Wanderung sollte das Fell gründlich ausgebürstet werden, um Schmutz, Zecken und Pflanzenteile zu entfernen.

Ein perfektes Team! Der Hund läuft frei und fast im Gleichschritt neben seinem Frauchen her.

Seitensprung eines großen Hundes umgerissen. Bei kleineren Hunden mag das noch funktionieren, aber Ihr Hund kann während des Laufens nicht schnuppern oder sein Geschäft verrichten. Sie müssen zwischendurch Ihren Lauf unterbrechen, um ihm dazu Gelegenheit zu geben. Freilaufen ist für Besitzer und Hund viel angenehmer.

Beim Nordic-Walking sollte Ihr Hund einen gewissen Sicherheitsabstand zum Läufer und seinen Stöcken halten, um nicht versehentlich verletzt zu werden.

Joggen und Nordic Walking

Joggen und Nordic Walking sind wunderbare Sportarten, um Ihre Kondition und die Ihres Hundes zu trainieren. Da von Ihrem Hund kein besonders hohes Lauftempo verlangt wird, kann er zwischendurch auch mal schnuppern und natürlich sein Geschäft erledigen. Voraussetzungen sind Lauffreudigkeit, zuverlässiger Gehorsam und keine gesundheitlichen Probleme. Fangen Sie mit dem Lauftraining erst an, wenn Ihr Hund ausgewachsen ist, um die Gelenke nicht zu stark zu beanspruchen. Laufen Sie mit Ihrem Hund möglichst nicht an Straßen, sondern auf Feldwegen oder im Wald. Autoabgase sind für Ihren Hund genauso schädlich wie für Sie. Grundsätzlich sollte Ihr Hund sicher neben Ihnen auf einer Seite und ohne Leine laufen. Er darf auch kurzzeitig zurückbleiben, um zu schnuppern, aber er sollte dann schnell wieder an Ihre Seite kommen. Bauchgurte, an denen man die Hundeleine einhängen kann, sind für den Besitzer nicht ungefährlich, denn er wird bei einem plötzlichen

Sicherheit hat Vorrang

Damit Sie entspannt laufen können, müssen Sie in jedem Fall vorher das Freilaufen an Ihrer Seite üben und auch das Wechseln der Seite, an der er laufen soll. Der Bauchgurt mit der Leine behindert hierbei Ihre Armarbeit und den Stockeinsatz. An befahrenen Straßen muss Ihr Hund lernen, immer auf der dem Verkehr abgewandten Seite zu laufen. Er darf beim Seitenwechsel Ihren Weg nicht kreuzen, sondern muss hinter Ihnen die Seite wechseln, damit Sie nicht über ihn stürzen. Bei schnellerem Lauftempo ist das unerlässlich.

Kondition langsam aufbauen

Passen Sie die Laufrunden der Kondition Ihres Hundes an und steigern Sie das Tempo oder die Länge der Runden erst, wenn Ihr Hund keinerlei Probleme beim Laufen zeigt und dauerhaft leicht vor Ihnen oder direkt an Ihrer Seite laufen kann. Bauen Sie auch einige Schrittphasen ein, in denen Sie zügig gehen und Ihr Hund verschnaufen kann, um ein wenig zu schnuppern. Er soll ja auch seine Bedürfnisse befriedigen können.

Trainieren Sie nur bei kühlen Temperaturen und speziell im Sommer nur auf schattigen Wegen, möglichst mit Bademöglichkeiten oder nehmen Sie wenigstens eine Flasche Wasser mit. Ihr Hund kann seine Körpertemperatur nur über das Hecheln mit der Zunge regeln, und im Gegensatz zu Ihnen hat er meist noch ein dichtes Fell. Durch Fehleinschätzungen der Besitzer kommt es bei Hunden im Sommer immer wieder zu schweren Kreislaufzusammenbrüchen und Hitzschlag. Brechen Sie Ihre Laufrunde sofort ab, wenn Ihr Hund außergewöhnlich stark schnauft und wenn sich Kopf und Ohren extrem warm anfühlen. Sie müssen ihn dann sofort mit Wasser kühlen und im Schatten verschnaufen lassen. Bringen Sie ihn möglichst schnell zum Tierarzt, denn Hitzschlag ist ein lebensbedrohlicher Notfall. Saskia, eine Huskyhündin, die ihren Besitzer immer beim Joggen begleitete, hatte eine gute Kondition bis ins höhere Alter. Sie lief immer vor ihrem Besitzer, sodass er niemals glaubte, sie könnte Kreislaufprobleme bekommen. An einem Sommertag machte der Besitzer wie gewohnt seine Joggingrunde, aber er unterschätzte die Hitze. Es herrschte auch am Abend noch eine Temperatur von fast 30 °C. Die Hündin lief anfangs noch voraus, begann dann aber stark zu hecheln und ging nicht mehr weiter. Sie fühlte sich am Kopf, an den Ohren und an den Beinen heiß an. Wasser war weit und breit nicht in

Der Jogger achtet mehr auf den Hund als der Hund auf ihn. Ein Hinweis darauf, dass der Hund nicht zuverlässig gehorcht.

Sicht, und die Hündin war nicht mehr zum Weiterlaufen zu bewegen. Der Besitzer musste sie einige Kilometer bis zum Auto tragen, um sie in meine Praxis zu bringen. Saskia hatte über 41 °C Fieber, das Herz raste und sie schnaufte extrem. Wir benötigten eine Stunde, um die Körpertemperatur des Hundes mit nassen Tüchern und kalten Fußbädern zu senken. Infusionen und kreislaufstabilisierende Medikamente halfen ihr schließlich wieder auf die Beine. Wenn der Besitzer seine Hündin nicht so schnell zum Auto getragen hätte, wäre sie unter Umständen gestorben. Er war nach dieser Anstrengung selber am Rande eines Kreislaufkollapses.

Fahrradfahren mit Hund

Beim Radfahren mit dem Hund gelten die gleichen Voraussetzungen wie beim Laufen. Sie können besonders lauffreudige Hunderassen wie Jagd- und Schäferhunde oder Huskys am Fahrrad richtig ausarbeiten, aber Sie müssen auch bei kleinen Hunden nicht darauf verzichten, wenn Sie einen sicheren Fahrradkorb haben, in den Sie Ihren Hund nach kurzen Laufabschnitten setzen können. Zu Ihrer eigenen Sicherheit rate ich Ihnen dringend ab, Ihren Hund am Fahrrad an die Leine zu nehmen. Selbst gefederte Anbindvorrichtungen am Fahrrad fangen nur einen kleinen Ruck ab. Ein Sprung zur Seite aus Angst oder Erschrecken lässt sich damit nicht abfangen und führt unweigerlich zum Sturz. Anleinen ist nur an einer Straße notwendig. Fahren Sie dort besonders

Die Besitzerin hat ihren Hund gut ausgebildet. Er läuft schwungvoll und im sicheren Abstand neben ihrem Fahrrad bei Fuß.

langsam und beobachten Sie Ihren Hund, um Unruhe oder Angst rechtzeitig zu erkennen. Wenn Ihr Hund bei Straßenverkehr und Ablenkung durch Passanten oder andere Hunde nicht zuverlässig an Ihrer Seite läuft, steigen Sie lieber ab.

Ich selbst habe einen üblen Fahrradsturz erlebt, als mein Hund angeleint auf der rechten Seite eines Schildes vorbeiging, während ich links davon fuhr. Durch die Stange, die die Leine zwischen uns plötzlich blockierte, wurden wir beide mit einem heftigen Ruck umgerissen. Wir befanden uns zum Glück auf einem Gehweg mit angrenzender Wiese und landeten im Gras. Auf der Straße wäre wesentlich mehr passiert.

Der Beagle benötigt noch die volle Aufmerksamkeit, aber er achtet auf Kommandos und läuft schon ohne Leine.

Vorübungen geben Sicherheit

Fangen Sie mit dem Laufen am Fahrrad langsam an. Ihr Hund sollte fast ausgewachsen sein und in der Hundeschule die Kommandos »Bei Fuß!«, »Halt!«, »Sitz!« und »Platz!« bereits gelernt haben. Gehen Sie zunächst mit dem Fahrrad spazieren. Sie führen Ihren Hund an der rechten Seite an der Leine und schieben das Fahrrad zwischen sich und Ihrem Hund. Üben Sie Kommandos wie »Bei Fuß« und » Halt!«. Wenn er richtig neben Ihnen läuft, können Sie kurze Strecken etwas schneller laufen und dann langsam mit dem Fahrrad fahren. Wenn Ihr Hund an etwas längerer Leine vor Ihrem Rad läuft oder gar den Weg kreuzt, stoßen Sie ihn vorsichtig mit dem Vorderrad an und schicken ihn mit einem klaren »Auf die Seite!« wieder auf die Seite rechts neben sich. Er muss in jedem Falle lernen, dass er nicht vor Ihrem Fahrrad den Weg überqueren darf, sonst überfahren Sie Ihren eigenen Hund und stürzen. Das ist nicht nur für Sie, sondern auch für Ihren Hund gefährlich.

4 Pfoten und 2 Räder

Nach diesen Vorübungen lassen Sie Ihren Hund jetzt frei laufen und trainieren mit ihm immer wieder das Laufen an der Seite und den Seitenwechsel hinter dem Fahrrad. Das sofortige Anhalten auf das Kommando »Halt!« muss zur Sicherheit Ihres Hundes perfekt sitzen. Auch hier gilt: Ihr Hund muss alle Kommandos sicher ausführen und

Tipp

Bei Hitze ist Laufen am Fahrrad wirklich gefährlich. Neben Kreislaufproblemen und Hitzschlag gibt es an heißen Tagen, wenn der Straßenasphalt aufgeheizt ist, regelrechte Verbrennungen an den Pfoten.

nicht nur nach Lust und Laune. Sonst ist es viel zu gefährlich – für Sie und ihn. Erst dann können Sie langsam neben Ihrem freilaufenden Hund Fahrrad fahren. Fahren Sie stets vorsichtig und beobachten Sie ihn gut, sodass Sie mögliche Seitensprünge gleich sehen und bremsen können. Sprechen Sie viel mit ihm und loben Sie ihn, damit er sich auf Sie konzentriert. Gerade am Anfang braucht es einige Übung, bis Ihr Hund sicher neben dem Fahrrad läuft und auch ausweicht, wenn Sie eine Kurve oder Schlangen-

Tipp

Da Ihr Hund ausdauernd neben dem Fahrrad läuft, muss er sich zwischendurch erholen können. Schrittphasen, in denen Ihr Hund in Ruhe schnuppern kann, oder Ausruhen im Fahrradhundekorb oder im Fahrradanhänger sind gute Möglichkeiten, um Ihren Hund auch auf längere Touren mitnehmen zu können.

linie fahren. Bei Begegnungen mit Passanten und anderen Hunden müssen Sie immer mit unvorhergesehenen Reaktionen rechnen. Gestalten Sie die ersten Fahrradrunden abwechslungsreich und lassen Sie Ihren Hund zwischendurch in Ruhe schnuppern und etwas spielen, während Sie das Fahrrad schieben. Er muss sich am Anfang noch sehr konzentrieren, um alles richtig zu machen, und das ist anstrengend.

Laufen am Fahrrad erfordert von Ihrem Hund wesentlich mehr Kondition als Nordic Walking oder Joggen. Achten Sie deshalb auch genau auf erste Anzeichen von Erschöpfung.

Tagestouren mit Hund und Fahrrad sind nur dann in Ordnung, wenn Ihr Hund zwischendurch auch im Korb oder in einem Fahrradanhänger, den es für Kinder gibt, mitfahren kann. Genau wie bei einer Wandertour sind genügend Pausen zur Erholung nötig. Wenn Sie große Strecken zurücklegen wollen oder ein Etappenziel erreichen müssen, lassen Sie Ihren Hund besser zu Hause oder bei Freunden, denn Ihr Hund bestimmt, wie weit er laufen kann, und nicht Sie.

Inlineskaten

Es ist nichts dagegen einzuwenden, wenn Ihr Hund Sie auf ruhigen Strecken abseits vom Straßenverkehr begleitet. Er muss dabei allerdings sicher an Ihrer Seite laufen, ohne angeleint zu sein. Wie bei allen anderen Sportarten muss er zwischendurch auch langsam laufen können, um sich zu erholen und in Ruhe zu schnuppern. Wollen Sie richtig zügig skaten, sollten Sie Ihren Hund also lieber zu Hause lassen. Sie können mit ihm ausschließlich auf asphaltierten Fahrradwegen fahren, die häufig direkt neben den Autostraßen liegen, oder Sie müssen sogar auf der Straße fahren. Da auch Radler und andere Inlineskater diese Wege benutzen, sollten Sie höllisch aufpassen, dass es zu keinen Kollisionen kommt. Das macht weder Ihnen noch Ihrem Hund wirklich Spaß.

Skilanglauf

Da Hunde im Winter begeisterte Spaziergänger sind, können Sie Ihren Hund natürlich zum Skilanglauf mitnehmen. Sie dürfen aber nur auf gespurte Pisten, wenn Hunde dort erlaubt sind. Auf so genannten Hundeloipen befindet sich ein präparierter Weg neben der eigentlichen Langlaufspur, damit die Spur nicht beschädigt wird. Auch hier gilt: Ihr Hund muss zuverlässig ohne Leine an Ihrer Seite laufen und darf nicht kreuz und quer springen oder gar andere Hunde oder Langläufer verfolgen. Er muss lernen, zu den Skiern und den Stöcken einen gewissen Sicherheitsabstand zu halten, denn bei einem schwungvollen Stockeinsatz könnten Sie ihn mit der Stockspitze verletzen. Ohne gute Ausbildung geht es auch bei diesem Sport nicht, wenn Sie vernünftig langlaufen wollen.

Clevere Hunde laufen beim Skilanglauf in der festgetretenen Skispur und benötigen dadurch weniger Kraft als im Tiefschnee.

Beim gemütlichen Langlaufen im verschneiten Wald oder auf Feldern ohne Loipe kann er Sie wie auf einem normalen Winterspaziergang mit Sicherheitsabstand zu den Skistöcken begleiten. Dazu genügt eine ganz normale Ausbildung ohne Spezialtraining. Nach einer ersten Warmlaufphase mit Schnuppern und Spielen können Sie zügig mit den Skiern loslaufen. Achten Sie darauf, dass Ihr Hund nicht zu viel Schnee frisst, da sonst sein Magen gereizt wird, und vergessen Sie nicht, zwischendurch seine Pfoten zu kontrollieren.

Der Schnee bildet zwischen den Zehen immer wieder harte Eisklumpen, die schmerzhaft drücken. Wenn Sie nach Ihrer Langlaufrunde beide müde zu Hause angekommen sind, trocknen und pflegen Sie die Pfoten und verwöhnen ihn ruhig mit einer milden Hühnersuppe mit Reis oder Haferflocken. Die ist auch für Ihren Hund eine Wohltat, denn er hat natürlich unterwegs eine ganze Menge Schnee aufgenommen. So können Sie seinen Magen wieder etwas beruhigen und Darmentzündungen vorbeugen.

Strolchi, ein kleiner Rauhaardackelrüde, war nicht nur ein begeisteter Begleiter seiner Besitzer beim Wandern, Fahrradfahren und Schwimmen, sondern auch im Winter beim Skilanglauf. Er hatte sehr schnell herausbekommen, dass er in der Skispur seiner Besitzer wesentlich leichter mit seinen kurzen Beinen laufen konnte als im tiefen Schnee. Er lief brav hinter ihnen her und sparte so seine Kräfte. Eine Stunde zügiges Langlaufen machte diesem cleveren und gut trainierten Kerl nichts aus.

Reiten mit Hundebegleitung

Wenn Ihr Hund Sie beim Reiten begleiten soll, verlangt das ein hohes Maß an Ausbildung von Hund und Pferd. Da beide ein ganz unterschiedliches Verhalten haben, müssen sie sich erst langsam aneinander gewöhnen. Pferde sind reine Fluchttiere und laufen bei Angst davon oder schlagen aus. Hunde bellen oder beißen. Der Hund ist ursprünglich das jagende Raubtier, vor dem das Pferd flieht. Nervöse Pferde sind nicht geeignet, in Begleitung eines Hundes zu laufen. Ebenso werden Hunde mit starkem Jagdtrieb nicht zuverlässig am Pferd bleiben.

Die erste Begegnung üben Sie am besten mit einem ausgesprochen ruhigen Pferd, das Hunde kennt. Es ist auch empfehlenswert, möglichst ein unbeschlagenes Pferd für die ersten Trainingseinheiten zu verwenden. Ein Huftritt mit Hufeisen kann Ihren Hund gefährlich verletzen. Zunächst üben Sie auf einem Reitplatz, Hund und Pferd gemeinsam zu führen. Ihr Hund muss mindestens 1 m Abstand vom Pferd halten. Während des Führens werden

Der Belgische Schäferhund hält genügend Sicherheitsabstand zu den Vorder- und Hinterhufen des Pferdes.

Kommandos wie »Halt!«, »Sitz!« und »Fuß!« geübt. Sobald Pferd und Hund ruhig und zuverlässig nebeneinander laufen, können Kurven und Wendungen eingebaut werden. Ihr Hund muss auch hier lernen, grundsätzlich immer hinter dem Pferd in ausreichendem Abstand die Seite zu wechseln. Dazu brauchen Sie eine Hilfsperson, die Ihren Hund anfangs bei dieser Übung an der Leine führt, bis er den Seitenwechsel auch ohne Leine beherrscht. Wenn Ihr Hund sicher auch ohne Leine läuft,

können Sie sich auf das Pferd setzen und nun von oben alle Kommandos im Schritt üben. Sollte Ihr Hund zu nah am Pferd laufen, setzen Sie ruhig eine lange Reitgerte ein, nur ein bisschen, dass es ziept. Er muss zu seiner Sicherheit lernen, dass es in der Nähe der Pferdebeine unangenehm ist. Schicken Sie ihn wie beim Radeln deutlich »Zur Seite!«. Nun steigern Sie das Training und üben mit Pferd und Hund in den höheren Gangarten Trab und Galopp. Erst nach diesen langen Vorübungen können Sie mit Pferd und

Hund ins Gelände gehen. Das Training ist für beide Tiere sehr anspruchsvoll und braucht viel Geduld, noch mehr Lob und eine große Menge Leckerlis für Pferd und Hund – aber es lohnt sich. Ein Ausritt in Begleitung eines gut erzogenen Hundes ist ein wunderbares Erlebnis.

Hundesportarten

Bei speziellem Hundesport wie zum Beispiel Agility müssen Hunde besonders geschickt und wendig sein. Große, schwergewichtige Hunde oder auch besonders zarte Hunde sind wegen der Gelenkbelastung nicht dafür geeignet. Auch Hunde mit extrem kurzen Nasen, die

schlecht atmen können, sollten dieses anstrengende Training nicht machen. Besonders arbeitsfreudige Hunde kann man beim Agility-Training gut beschäftigen. Während des Trainings, das mindestens zweimal pro Woche stattfinden sollte, werden Geschicklichkeit, Ausdauer und Gehorsam gefordert. Der Hund lernt zunächst an einer Leine und später dann freilaufend mehrere Hindernisse nacheinander auf Zeit zu überwinden. Neben verschiedenen Tunneln gibt es einen Laufsteg, über den der Hund balancieren muss, einen Tisch, auf den er sich legen muss, Hoch- und Weitsprünge, einen Wassergra-

Resümee

Grundvoraussetzungen für die Begleitung beim Sport sind Gesundheit, Kondition, Lauffreudigkeit und eine gute Ausbildung des Vierbeiners. Nur dann haben Sie und Ihr Hund Spaß und Freude miteinander. Machen Sie sich immer die Mühe, Ihren Hund auf die entsprechenden Anforderungen gut vorzubereiten. Sie vermeiden dadurch Unfälle und Verletzungen von Mensch und Tier. Hunde mit rassebedingten Problemen an Gelenken oder Atmung oder auch ältere Hunde sollten keinen Ausdauersport machen.

ben, einen Slalom und auch eine Leiter oder Wippe. Es erfordert für den Hund sehr viel Mut und Konzentration, alle Aufgaben korrekt auszuführen. Ohne konsequentes Training und eine besonders intensive Beziehung zum Besitzer ist das nicht möglich. Obedience, eine Hundesportart, bei der die korrekte Unterordnung trainiert wird, verlangt deutlich weniger Kondition und kann von jedem Hund geübt werden. Diese Sportart dient ebenfalls der Festigung der Beziehung zwischen Hund und Bezugsperson. Sie verlangt möglichst tägliches konsequentes Training. Die einzelnen Aufgaben sind sehr hilfreich im

Border Collies sind Champions im Hundesport. Ihre Begeisterung und ihre Ausdauer beim Training sind unglaublich.

Alltag mit Hund. Die Hunde müssen untereinander verträglich sein, sollten sich in der Gruppe ohne Leine ablegen lassen, korrekt an der Leine gehen, auch ohne Leine frei folgen, aus der Bewegung »Platz« gehen, Gegenstände bringen oder auf Kommando vorausgehen und sich hinlegen. Viele dieser Kommandos haben Sie schon selbst geübt.
Spezielle Sportarten wie Fährtenarbeit, Gebrauchshundetraining, Hütehundetraining, Hundeschlittenrennen oder Windhundrennen werden von den Verbänden der entsprechenden Hunderassen angeboten. Sie sind den Spezialisten unter den Hunden vorbehalten.

In der Hundeschule werden erste Kommandos geübt. Der Hund sollte sich korrekt hinsetzen, bevor der Ball geworfen wird.

In der Hundeschule

Viele Hundebesitzer sind davon überzeugt, dass sie ihren Hund alleine besser erziehen können als in einer Hundeschule. Sie haben vielleicht schon einmal schlechte Erfahrungen mit Hundetrainern gemacht und wollen es lieber auf eigene Faust probieren. Auf meine Frage nach den Kontakten mit anderen Hunden kommt dann meist die Antwort, dass ihr Hund sich wunderbar mit dem Nachbarhund verstehe. Damit sei doch dann eigentlich alles bestens.

Ich bin trotzdem überzeugt, eine Hundeschule schadet keinem Hund, sondern ist eigentlich für alle Hunde notwendig. Es gäbe nicht so viele Hundehasser, wenn alle Hunde gut erzogen wären und die Besitzer ihren Hund richtig einschätzen könnten.

Der richtige Coach

Wie finden Sie nun den passenden Ausbilder für sich und Ihren Hund? Da gibt es kein Patentrezept, denn kein Trainer kann allen Ansprüchen und Vorstellungen der Hundebesitzer genügen. Es wäre wünschenswert, dass er langjährige Erfahrung in der Ausbildung von Hunden und sich intensiv mit Hundeverhalten beschäftigt hat. Grundsätzlich müssen Sie gut mit ihm zurechtkommen und seine Fachkompetenz anerkennen, denn schließlich sollen Sie mit Ihrem Hund gemeinsam lernen, alltägliche und auch schwierige Situationen zu meistern. Fragen Sie ihn, ob er Ihnen Probestunden und auch ein problembezogenes Einzeltraining mit Hausbesuchen anbieten kann. Manche Probleme, die speziell zu Hause auftreten, müssen auch dort geübt werden.

Abc-Schützen auf 4 Pfoten

Der große Vorteil einer Hundeschule liegt darin, dass Sie und Ihr Hund gemeinsam mit anderen Hunden arbeiten. Ich habe anfangs schon erwähnt, wie wichtig für junge Hunde die Welpenspielgruppen sind, da sie dort alle Ver-

haltensweisen wie Aggression, Beschwichtigung und Unterwerfung im Spiel miteinander üben. Sie lernen dort ihre Verständigung untereinander. Beim gemeinsamen Erziehungstraining wird dies fortgesetzt, nur mit dem Unterschied, dass nun der Besitzer oder Hundeführer als Leittier in die Kommunikation eingreift. Das heißt: Er hat das Sagen. Das Leittier bestimmt die Regeln. Sein Kommando steht über dem Wunsch des Hundes, zum Beispiel eine Wildspur zu verfolgen, einen Radler zu jagen oder mit dem entgegenkommenden Hund zu raufen.

Tipp Viele Hundeschulen oder Vereine bieten Spezialkurse wie Fährtenarbeit, Schutz- oder Rettungshundeausbildung, Agility-Training oder auch Jagdhund- und Hütehundausbildung. Es lohnt sich, die Programme und Wettbewerbe anzuschauen. Vielleicht finden auch Sie ein Trainingsangebot, dass Ihnen und Ihrem Hund Spaß macht. Die Beziehung zu Ihrem Hund wird in jedem Fall intensiver.

Sie lernen Ihren Hund beim Training in einer Gruppe genauer kennen und einschätzen und gewinnen so zunehmend mehr Sicherheit im Umgang mit ihm.
Ein anfangs schüchterner Hund kann in einer Gruppe

Abliegen in der Gruppe ist für viele Hunde nicht einfach, denn sie dürfen sich von den anderen nicht ablenken lassen.

Zuverlässiges Bei-Fuß-Gehen will gelernt sein. Nicht alle Hunde konzentrieren sich auf ihre Besitzer, sondern auf den Artgenossen.

selbstbewusst oder sogar dominant werden. Viele Besitzer sind zunächst völlig verstört, wenn ihr Hund auch mal aggressiv zubeißt. Mit Hilfe des Ausbilders lernen Sie, auch mit diesen Veränderungen umzugehen. Ihr Hund dagegen lernt im Training, Ihre Autorität anzuerkennen, ohne dabei ein »geprügelter Hund« zu sein. Sie sind sein Leittier, und was Sie sagen, ist in Ordnung. So geben Sie ihm in schwierigen Situationen Sicherheit und Vertrauen und fördern sein Sozialverhalten.

Konsequenz gibt Sicherheit

Um dies zu erreichen, sind von Ihrer Seite klare Kommandos nötig, die Ihr Hund konsequent befolgen muss. Seien Sie ehrlich: Alleine üben Sie auch nicht so konsequent wie in der Hundeschule, wenn andere Hundebesitzer dabei sind. Man will sich ja schließlich nicht blamieren. Abgesehen davon, dass gemeinsames Training mehr Spaß macht, wird vielleicht auch Ihr Ehrgeiz geweckt, die Begleithundeprüfung mit Ihrem Hund abzulegen.

Sammy, ein stattlicher Berner Sennenhund, und Olly, ein West Highland White Terrier, haben beide eine gute Ausbildung in einer Hundeschule absolviert.

Sammy war als junger Hund eher ängstlich und versteckte sich trotz seiner Größe hinter seinen Besitzern. Nach 1 Jahr Ausbildung mit Begleithundeprüfung hatte er unglaublich an Selbstvertrauen gewonnen. Auch in meiner Praxis, wo jeder Hund eher Angst hat, sitzt er vertrauensvoll neben seinen Besitzern und lässt sich ruhig untersuchen.

Es gibt auch keine Aggressionen anderer Hunde gegenüber, die im Wartezimmer warten.

Olly war dagegen unglaublich frech und hat es seinen Besitzern am Anfang nicht leicht gemacht. Er biss und knurrte als kleiner Welpe, wenn man ihn bürstete oder wenn ich ihn in der Praxis untersuchte. Auch er musste die Erfahrung mit dem Nackengriff machen, um zu lernen, dass er nicht der Chef ist.

Auch bei ihm hat ein konsequentes Training Wunder bewirkt: Er ist ein richtig braver Hund geworden und wartet still und gelassen neben seinem Frauchen im Wartezimmer, während vor seiner Nase Katzen oder andere Hunde vorbeigehen. Die Untersuchungen erträgt er ohne Murren und ohne jegliche Zwangsmaßnahmen. Er hat sein Selbstbewusstsein nicht eingebüßt, aber er weiß, dass seine Besitzer eine klare Autorität sind. Die Entwicklung dieser beiden so unterschiedlichen Hunde bestätigt, wie sinnvoll eine Ausbildung in der Hundeschule ist. Ohne den Kontakt zu anderen Hunden und die Hilfe der Ausbilder hätten die Besitzer das nicht erreicht.

Es ist nie zu spät

Bei Problemhunden, die durch falsche oder mangelnde Erziehung als Welpe oder Junghund eine gestörte Beziehung zu Ihrem Besitzer haben, ist die Hilfe eines erfahrenen Hundetrainers unerlässlich. Bei ausgesetzten Hunden, die in Tierheimen landen, oder bei Hunden, die von skrupellosen Züchtern an Händler verschachert werden, treten häufig derartige Verhaltensstörungen auf. Ein erfahrener Ausbilder wird zusammen mit dem Besitzer versuchen, das Vertrauen des Hundes schrittweise in Einzelstunden aufzubauen und ihn dann nach und nach auch mit anderen Hunden zu trainieren. Diese Arbeit kostet sehr viel Zeit und Geduld und ist nur mit viel Gespür für das einzelne Tier möglich. Hier kann auch die Arbeit mit dem Hund in seiner häuslichen Umgebung notwendig sein, da viele Verhaltensauffälligkeiten in der Hundeschule oft kein Problem sind, zu Hause aber schon.

Da Sie Ihrem Hund nicht nur einmal im Leben die gesamten Grundlagen der Erziehung in einem halben Jahr beibringen können, bieten viele Hundeschulen Aufbau- oder Wiederholungskurse. Sie dienen dazu, das Erlernte zu festigen und im weiteren Training den Schwierigkeitsgrad zu erhöhen. Ihr Hund braucht immer Beschäftigung und ist auch als erwachsenes Tier jederzeit bereit, etwas zu lernen. Durch regelmäßiges Training vermeiden Sie Langeweile und die daraus entstehenden Unarten.

Tipp **Hundediplom**

Nach erfolgreichem Abschluss der Hundeschule beherrscht Ihr Hund die folgenden Grundregeln:

● Er darf sich niemals gegen seinen Besitzer und die Mitglieder der Familie aggressiv verhalten.

● Bei Bewachung der Wohnung oder des Grundstücks darf er nicht sofort beißen, sondern nur bellen und muss auf Kommando zurückkommen.

● Er läuft ohne Ziehen und Zerren an der Leine und bleibt auch beim Freilaufen immer im Einwirkungsbereich des Besitzers. Er wird zuverlässig auf Zuruf anhalten oder zurückkommen.

● Er verhält sich sicher im Straßenverkehr, ohne Fahrradfahrer oder Autos anzuspringen oder zu jagen. Auch dicht an ihm vorbeigehende Fußgänger dürfen nicht angesprungen oder geschnappt werden.

● Er bleibt in der Wohnung, im Auto oder vor einem Geschäft alleine liegen, ohne Krawall zu machen.

● Bei Konfliktsituationen mit anderen Hunden lässt er sich durch den Befehl seines Besitzers zurückhalten.

Ein angstfreies Hundeleben

Damit Autofahren
keine Probleme macht

Vielen Hunden, vor allem Welpen, geht es beim Autofahren nicht gut. Sie hecheln zum Teil sehr stark und laufen unruhig im Heckraum des Wagens hin und her. In schlimmen Fällen speicheln sie oder erbrechen das Futter. Solche Fahrten sind für Sie und Ihren Hund ein Horror. Er mag gar nicht mehr ins Auto einsteigen. Diese Übelkeit und Angstzustände können zahlreiche Ursachen haben. Vielleicht wurde Ihr Hund als Welpe einmal lieblos im Auto zum Tierarzt transportiert, oder er fürchtet das Schaukeln des Autos während der Fahrt und die draußen vorbeiziehende Landschaft, weil ihm schwindelig wird. Da wir nicht wissen, was Ihr Hund erlebt hat, müssen wir ausprobieren, womit wir die Angst abbauen können.

Geborgenheit in der Box

Die meisten Hunde sitzen während der Fahrt auf der Rückbank oder im Heckraum des Autos. Dort schaukelt es zwangsläufig etwas mehr als vorne. Es ist vom Gesetzgeber aber nicht gestattet, dass Ihr Hund vorne im Fußraum oder gar auf dem Vordersitz mitfahren darf. Ein Sicherheitsgurt ist für Ihren Hund eine starke Einschränkung, denn er kann sich während der Fahrt nicht bewegen und auch nicht in verschiedenen Positionen hinlegen. Er ist daher nur auf kurzen Wegstrecken akzeptabel. Kaufen Sie sich lieber eine sichere Transportbox, in der Ihr Hund aufrecht stehen und sich auch umdrehen kann. Gewöhnen Sie ihn zunächst zu Hause an diese Box. Spielen Sie dort mit ihm, lassen Sie ihn hineinliegen, anfangs ohne Tür und später auch mit geschlossener Tür. Sie werden sehen, wie schnell Ihr Hund diesen Platz akzeptiert. Beim zweiten Schritt wird die Box sicher im Auto untergebracht, und Sie üben bei stehendem Auto das Ein- und Aussteigen aus der Box. Schließen Sie ruhig für einige Minuten die Box und auch die Autotür. Nach ein paar Tagen, in denen Sie weiter mit ihm mit der Box im Auto trainieren, fahren Sie möglichst eine kurze Strecke, um

*In der Transportbox soll Ihr Hund aufrecht stehen und sich um-
drehen können, damit er sich wohlfühlt.*

mit ihm einen großen Spa-
ziergang zu machen.
Für Ihren Hund muss Auto-
fahren immer mit angeneh-
men Dingen verbunden sein
wie Spaziergang, Spielen
oder Belohnung. Nehmen Sie
ihn so oft wie möglich auf
allen kurzen Autofahrten mit.
Vermeiden Sie größere Vorbereitungen, die ihn beunruhigen könnten. Jede Fahrt
sollte für Ihren Hund ganz
selbstverständlich sein. Die
vertraute Box mit seiner Decke hilft ihm dabei. Nachdem
Ihr Hund die erste Angst
überwunden hat, können Sie
die Fahrtstrecke langsam ver-
längern.

Für Ben, einen Cockerspaniel,
war Autofahren ganz fürchterlich. Er hatte Angst, he-
chelte und speichelte und er-
brach regelmäßig Futter. Die
Besitzer wollten ihn gar nicht
mehr mit dem Auto mitneh-
men. Er musste nur noch zu
den Tierarztbesuchen mit
dem Auto fahren. Das war für
ihn natürlich besonders
schlimm. Eine Hundetraine-
rin, bei der er in den Ferien
untergebracht war, nahm
sich des Problems an. Sie
hatte einen großen VW-Bus
mit mehreren Hundeboxen,
die teilweise auch übereinan-
der eingebaut waren. Ben
kam in eine der unteren Bo-

xen, die etwa in der Mitte
des Autos befestigt war, damit er nicht hinaussehen
konnte. Außerdem waren die
Schaukelbewegungen des
Autos in der Mitte am ge-
ringsten. Ihre anderen Hunde
saßen in den anderen Boxen.
So fuhr sie mit der ganzen
Hundemeute aus dem Ort
heraus, um spazieren zu gehen. Anfangs war Ben noch
etwas unruhig, aber nach
einer Weile ließen ihn die
Autofahrten völlig kalt. Die
anderen Hunde, die alle
gerne Auto fuhren, halfen
ihm dabei, seine Angst zu
überwinden. Die Box war für
ihn eine sichere Höhle, und
da er nicht aus dem Fenster
schauen konnte, wurde ihm
nicht mehr schwindelig. Die
Besitzer besorgten daraufhin
eine feste Hundebox für das
Auto und gewöhnten ihn mit
kurzen Fahrten zum Spaziergang an die Autofahrten. Er
lernte, dass er mit dem Auto
auch zum Spazierengehen
fuhr und nicht nur zu Tierarzt.

Fahrtraining für den Vierbeiner

Fahren Sie zu Beginn des
Autotrainings keine kurven-
reichen Strecken und natürlich möglichst langsam und

gleichmäßig. Plötzliches Bremsen ist für Ihren Hund ein großer Schreck, denn er weiß ja gar nicht, warum ihm der Boden unter den Füßen weggezogen wird.

Geben Sie ihm unmittelbar vor der Fahrt kein Futter und denken Sie immer daran, dass Trockenfutter oft stundenlang im Magen quillt. Ihr Hund kann deshalb noch lange Zeit Futter erbrechen oder durch den vollen Magen mit Übelkeit während der Fahrt kämpfen. Füttern Sie vor längeren Autofahrten besser leicht verdauliches Futter wie gekochtes Fleisch mit Gemüse und Reis, möglichst 4–5 Stunden vor der Abfahrt.

Ein weiteres Hilfsmittel gegen Angst und Unruhe sind die Rescue- oder Notfalltropfen aus der Bachblütentherapie. Anfangs verabreichen Sie 4-mal täglich 4 Tropfen im Trinkwasser, also nicht nur vor den Autofahrten. Bei vielen Hunden mindern die Tropfen Angstzustände und psychischen Stress. Sie können jedoch ein Training zum Abbau dieser Angst nicht ersetzen.

Zusätzlich helfen gegen Schwindel und Übelkeit Cocculus (Kockelskörner) und Nux vomica (Brechnuss) in der Potenz D4 oder D6 als Tropfen oder Tabletten. Beide sind Medikamente aus der homöopathischen Medizin und werden über längere Zeit 3-mal täglich verabreicht.

Sheila, ein kleiner Münsterländer, litt in jungen Jahren sehr unter der Übelkeit beim Autofahren. Sie saß im Heckraum des Autos und speichelte bei jeder Fahrt, egal, ob sie etwas gefressen hatte oder nicht. Sie wollte nur noch sehr ungern ins Auto steigen, weil sie wusste, dass es ihr schlecht ging. Auch ein Platzwechsel im Auto nützte nichts. Mit der regelmäßigen Einnahme von Cocculus wurden die Symptome deutlich besser. Die Besitzer fuhren auch häufig kurze Strecken mit ihr, um spazieren zu gehen. Inzwischen ist Autofahren für Sheila kein Problem mehr.

Beruhigungs-Pheromone

In besonders schwierigen Fällen hilft nur der Besuch beim Tierarzt. Für Hunde, die beim Autofahren sehr stark gestresst sind, gibt es so genannte Beruhigungs-Pheromone. Pheromone sind Stoffe, die nach der Geburt von der säugenden Hündin über die Talgdrüsen ausgeschieden werden, um die kleinen Welpen zu beruhigen und die Bindung an die Mutter zu stabilisieren. D.A.P. ist ein synthetisches Beruhigungs-Pheromon und wird in einem Zerstäuber angeboten. Der Zerstäuber wird an die Steckdose angeschlossen und vernebelt das Beruhigungs-Pheromon über 50 Quadratmeter Fläche. Ihr Hund sollte sich vor einer Autofahrt einige Stunden im Bereich des Zerstäubers aufhalten. Zusätzlich wird mit einer Sprühflasche das Pheromon auch im Auto auf dem Platz des Hundes versprüht. Diese Beruhigungs-Pheromone reduzieren die Angst und den Stress Ihres Hundes bei der Autofahrt und auch in anderen Angstsituationen.

Sollten all diese Hilfsmittel zwecklos sein, gibt es nur noch zwei Möglichkeiten: Entweder Sie vermeiden Autofahrten mit Ihrem Hund oder Sie verwenden richtige Beruhigungsmedikamente, die Ihnen Ihr Tierarzt verordnet. Bitte setzen Sie diese Medikamente immer sehr vorsichtig ein, denn sie belasten den Kreislauf Ihres

Hundes und können manchmal auch gegenteilige Reaktionen hervorrufen, wenn sie einem total aufgeregten Tier verabreicht werden. Eine vorherige Untersuchung durch den Tierarzt ist deshalb immer notwendig. Wenn Sie Ihren Hund vorsichtig und einfühlsam an das Autofahren gewöhnen wie anfangs beschrieben, sind Medikamente jedoch meistens überflüssig.

Kein Stress beim Tierarztbesuch

Warum haben Sie und Ihr Hund so große Angst vor mir und meinen Kollegen? Ich sehe Ihnen beiden an, dass Sie am liebsten davonlaufen würden, aber beruhigen Sie sich, denn wir sind keine Unmenschen und wir mögen Hunde. Lassen Sie mich versuchen, Ihnen und damit auch Ihrem Hund die Angst vor uns Tierärzten ein wenig zu nehmen.

Der Doktor beißt nicht!

Nachdem Sie Ihren neuen Hausgenossen abgeholt haben, sollten Sie möglichst bald eine Tierarztpraxis aufsuchen, um ihn untersuchen zu lassen. Fahren Sie aber erst einmal ohne Hund dorthin und vereinbaren Sie einen Termin zu einem Zeitpunkt, wo es in der Praxis ruhiger zugeht. Erkundigen Sie sich nach den Wartezeiten, denn jeder Hund wird nervös, wenn er längere Zeit mit ängstlichen Tieren warten muss. Sie können Ihren Hund auch ruhig mit in die Praxis hineinnehmen. Er kann sich dort ein wenig umschauen,

und es geschieht erst einmal gar nichts. Er nimmt natürlich die vielen ungewohnten Gerüche wahr und ist ein bisschen nervös, aber gleichzeitig neugierig. Wenn die Helferin oder der Tierarzt einen Moment Zeit haben, sollten sie dem Hund ein Leckerli geben. Damit ist der erste Eindruck, den Ihr Hund vom Tierarzt bekommt, positiv.

Beim Regelcheck

Tierärzte untersuchen Ihren Hund bei der Allgemeinuntersuchung in der Regel nach einem gleichen Schema von vorne nach hinten und von außen nach innen. Viele

Für Hunde bedeutet das Liegen auf dem Untersuchungstisch Stress und sie zittern oft vor Angst.

Handgriffe können Sie mit Ihrem Hund vorher zu Hause üben. Erinnern Sie sich an die Fellpflege und die Pflege von Augen, Ohren und Zähnen. Wenn Ihr Hund bereits von früher Kindheit an damit vertraut ist, lässt er sich geduldig am Körper und Kopf untersuchen. So kann Ihr Tierarzt problemlos den Zustand von Haut und Haarkleid, die Augen, Ohren und Zähne inklusive Mundschleimhaut beurteilen. Das Abtasten der Lymphknoten und der Gelenke oder das Pulsfühlen gleicht der Massage, die Sie sonst zu Hause anwenden. Auch das Abhören von Herz, Lunge und Bauch ist für Ihren Hund kein Problem, da er ja die Berührung am ganzen Körper gewohnt ist. Die Überprüfung bestimmter Nervenreflexe ist ebenso vollkommen schmerzlos. Beim Pupillenreflex wird nur ins Auge geleuchtet, damit sich die Pupille verengt. Auch hier haben Sie mit der Augenpflege schon gute Vorarbeit geleistet. Selbst aufs Messen der Körpertemperatur, was keiner so gerne mag, können Sie durch regelmäßige Pflege der Afterregion Ihren Hund ein wenig vorbereiten.

Die erste Allgemeinuntersuchung ist für Ihren Hund wirklich unproblematisch, wenn Sie ihn von Anfang an intensiv pflegen. Natürlich bekommt Ihr Hund danach eine Belohnung und ein großes Lob von Ihnen oder vom Tierarzt. Belassen Sie es zunächst dabei und wählen Sie für die Impfung einen neuen Termin. Bis dahin gehen Sie öfter mal bis zur Tierarztpraxis spazieren und schauen vielleicht mal kurz im Wartezimmer vorbei. Ihr Hund findet das ganz spannend und nach der ersten Untersuchung überhaupt nicht bedrohlich.

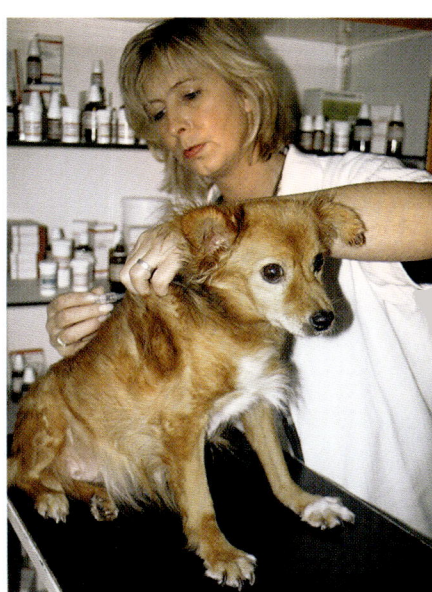

Trotz Angst lässt sich der Mischling ohne Festhalten eine Spritze geben.

Keine Angst vor Spritzen!

Beim Impftermin wird Ihr Hund zunächst genauso untersucht wie bei der ersten Allgemeinuntersuchung. Das ist Ihrem Hund nun ja schon bekannt und macht ihm keine Angst. Auch die kleine Injektion unter die Haut ist nur minimal zu spüren. Aber wenn Sie selbst Angst vor Spritzen haben, verkrampfen Sie sich oder halten Ihren Hund völlig verkrampft fest. Kein Wunder, dass Ihr Hund jetzt Angst bekommt, denn so hat er Sie noch nie erlebt.

Da muss ja etwas ganz Fürchterliches passieren, wenn sein starkes Leittier so beunruhigt ist, wird er sich denken. Sprechen Sie mit Ihrem Tierarzt darüber, bevor Sie und Ihr Hund Panik bekommen. Versuchen Sie sich möglichst zu entspannen und atmen Sie ruhig durch. Am besten nehmen Sie Ihren jungen Hund auf den Arm und kraulen ihn ganz intensiv an den Ohren, während das Medikament injiziert wird. Sie können dabei ruhig wegschauen und sich auf das Ohrenkraulen konzentrieren. Massieren Sie ihn noch weiter, auch im Bereich der Injektionsstelle, denn das entspannt Sie und ihn. Durch die Ablenkung spürt er die Impfung kaum. Jetzt können auch Sie selbst wieder durchatmen und ihn loben.

Im anschließenden Gespräch werden Sie über die möglichen Nebenwirkungen und die gesetzlichen Impfvorschriften informiert und erhalten den Impfpass mit der entsprechenden Eintragung. Ihr Hund darf sich in dieser Zeit nochmals im Sprechzimmer umschauen und schnuppern. Es ist ja alles so fremd und interessant. Wenn Ihr Tierarztbesuch so ruhig und vorbereitet stattfindet, wird sich Ihr Hund nicht sonderlich aufregen.

Rusty, ein junger Australian Shepherd, wurde, kurz nachdem ihn seine neue Besitzerin beim Züchter abgeholt hatte, zu mir in die Praxis gebracht.

Er war gesund und munter und sollte sich die Praxis erst einmal anschauen, ohne dass etwas geschah. Wir vereinbarten den ersten Untersuchungstermin, und ich verabschiedete mich von dem kleinen Kerl mit einem Leckerli. Er war trotz der vielen neuen Gerüche und der fremden Umgebung völlig gelassen. Beim nächsten Besuch in der Praxis begrüßte er mich freudig und hoffte gleich auf ein Leckerli, aber zuerst kam die Arbeit. Die Untersuchung tat ihm nicht weh und wurde durch viele Streicheleinheiten für ihn aufgelockert. Natürlich musste er zwischendurch für die Untersuchung der Ohren und der Augen stillhalten, aber das machte ihm nichts aus. Als wir fertig waren, durfte er wieder vom Tisch herunter und bekam sein wohlverdientes Leckerli, nachdem er sich auf das Kommando »Sitz!« hingesetzt hatte. Das hatte er in kürzester Zeit gelernt. Wir vereinbarten einen weiteren Termin für seine

2. Schutzimpfung. Auch dieses Mal verhielt sich der Hund vollkommen entspannt. Er kannte die Praxis ja bereits und freute sich schon auf die Belohnung. Die Injektion des Impfstoffs hat er gar nicht mitgekriegt, da seine Besitzerin ihn kräftig an den Ohren kraulte. Die langsame Gewöhnung an die Praxis hat sich gelohnt. Rusty ist auch nach einer weiteren Behandlung ruhig und ohne Angst. Die Besitzerin beschäftigt sich sehr viel mit ihm, und man spürt sein Vertrauen.

Tierarztbesuch mit dem Welpen

Bitten Sie die Praxis Ihres Vertrauens, für Untersuchungen Ihres Welpen und die erste Impfung einen längeren

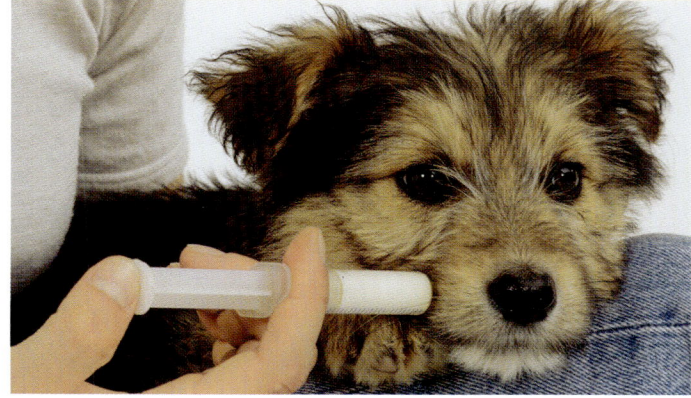

Mit einer Spritze wird ein Medikament in die Backentasche eingegeben. Auf dem Schoß macht das keine Angst.

Termin einzuplanen. Der Hund soll sich in Ruhe an die Praxis gewöhnen und nicht gleich hektisch gepackt werden, weil das Wartezimmer voll ist. Außerdem gibt es immer so viel zu besprechen, angefangen von Ernährungs- und Erziehungstipps über medizinische Fragen und gesetzliche Reisebestimmungen und vieles mehr. Diese Beratungen sind besonders für Hundebesitzer ohne vorherige Hundeerfahrung wichtig. Bitten Sie Ihren Tierarzt also um etwas mehr Zeit bei den ersten Besuchen und fragen Sie ihn alles, was Sie über Ihren Hund wissen möchten. Er wird Ihre Fragen so gut wie möglich beantworten oder Ihnen Fachleute und Organisationen nennen, die Ihnen weiterhelfen können.

Wenn es trotzdem mal wehtut

Natürlich gibt es Krankheiten und Verletzungen, die sehr schmerzhaft sind. Jede kleine Manipulation tut dann sehr weh. Wir Tierärzte werden immer versuchen, Schmerzen so gering wie möglich zu halten und Ihren Hund notfalls mit beruhigenden oder schmerzstillenden Medikamenten zu behandeln, bevor

man weiter untersucht. Das Gleiche gilt für die Nachbehandlung nach Operationen. Da Sie Ihren Hund am besten kennen, schildern Sie bitte möglichst genau Schmerzreaktionen und Krankheitssymptome, damit Ihr Tierarzt entsprechend behandeln kann.
Beschreiben Sie auch genau, wie sich Ihr Hund beim Tierarztbesuch verhält. Viele Hunde können trotz aller Vorsicht beißen, wenn sie schon einmal schlechte Erfahrungen beim Tierarzt gemacht haben. Bei besonders kritischen Kandidaten muss ein Maulkorb verwendet werden. Üben Sie das Anlegen des Maulkorbs bereits zu Hause, und loben Sie Ihren Hund, wenn er ihn für einige Zeit toleriert. Entsprechende Nylonmanschetten für Hundeschnauzen gibt es in allen Größen im Zoofachhandel. Sie lassen sich einfach auf die Kopfgröße Ihres Hundes einstellen und können schnell mit einem Klickverschluss angelegt werden. Lassen Sie Ihren Hund möglichst im Auto vor der Tierarztpraxis warten und gehen dann direkt ins Behandlungszimmer, wenn er an der Reihe ist. So können Sie den Stress durch lange

Resümee

Geduldige und intensive Pflege Ihres Hundes ist die beste Vorübung für einen Tierarztbesuch. Zusätzlich häufige Besuche in der Praxis, auch wenn Sie nur ein Medikament brauchen, gewöhnen Ihren Hund an die fremde Umgebung und reduzieren seine Angst. Suchen Sie einen Tierarzt, dem Sie vertrauen und mit dem Sie reden können, auch wenn er vielleicht etwas weiter weg ist. Ihr Vertrauen in den Tierarzt überträgt sich auch auf Ihren Hund. Durch ausführliche Gespräche lassen sich Ängste vor Behandlungen oder Operationen am besten abbauen.

Wartezeiten und unruhige andere Tiere deutlich reduzieren.
Wenn Sie derartige Schwierigkeiten mit Ihrem Hund haben, sollten Sie jedoch immer einen Hundetrainer aufsuchen, der mit Ihnen und Ihrem Hund ein problembezogenes Einzeltraining durchführt und auch gemeinsam mit Ihnen zum Tierarzt geht. Häufig können bestimmte Schwierigkeiten nur an Ort und Stelle geklärt werden. Neben klaren Unterordnungsübungen muss Ihr Hund durch intensive Körperpflege lernen, sich von Ihnen und einer fremden Person überall anfassen zu lassen.

Wenn es kracht und knallt – Silvester

Alle Jahre wieder das gleiche Höllenspektakel! Ihr Hund versteht die Welt nicht mehr. Von einem Tag zum anderen wird die Welt durch Knallen, Zischen, Pfeifen und Funkensprühen zu einem einzigen Horrortrip. Kein Wunder, dass ihm vor Angst die Zähne klappern und er am ganzen Leib zittert. Für ihn ist das Spektakel lebensbedrohend, und er würde am liebsten ganz weit weglaufen.
Nehmen Sie ihn am Silvestertag beim Spaziergang in der Nähe von Wohnhäusern sicherheitshalber an die Leine. Ein Knaller, der in seiner Nähe losgelassen wird, kann ihn derart in Panik versetzen, dass er total kopflos davonläuft. In solchen Fällen hilft kein Rufen mehr. Sie können nur hoffen, dass er möglichst bald gefunden wird.
Doch was können Sie tun, um an diesem Abend seine Angst zu lindern?

Nach einem ausführlichen Spaziergang möglichst weit weg von irgendwelchen Knallereien wird Ihr Hund gefüttert und soll sich dann auf seinen Ruheplatz zurückziehen. Schon vor dem Spaziergang stecken Sie den D.A.P.-Zerstäuber mit dem Beruhigungs-Pheromon (siehe S. 69) in eine Steckdose in der Nähe des Hundeplatzes. Die Hundedecke können Sie zusätzlich mit dem Pheromon einsprühen. Nach dem Fressen wird sich Ihr Hund normalerweise hinlegen, aber er wird durch die ersten Knallereien schon etwas ängstlich sein. Beruhigen Sie ihn wie immer und schicken Sie ihn auf seinen Platz, ohne ihn übermäßig zu bemitleiden.

Sie wissen ja, dass der Hokuspokus nach kurzer Zeit vorbei ist. Gehen Sie ganz selbstverständlich wieder an Ihre Arbeit, jedoch möglichst in der Nähe Ihres Hundes. Wenn seine Angst zu groß wird, dann beschäftigen Sie sich mit Ihrem Hund. Kämmen und bürsten Sie ihn, massieren Sie seine angespannten Muskeln und sprechen Sie mit ganz ruhiger Stimme zu ihm. Er wird in dieser für ihn bedrohlichen Situation Ihre Nähe und Ihre Ruhe besonders schätzen, auch wenn er Angst vor den seltsamen Geräuschen draußen hat. Natürlich halten Sie Fenster und Rollläden geschlossen und stellen im Radio eine ruhige Musik ein,

Viele Hunde verkriechen sich bei Lärm unter das Bett. Da helfen die Hundedecke und Beruhigungspheromon.

Auch der tosende Lärm des Staubsaugers macht Angst, aber dieser kleine Terrier stellt ganz frech die Ohren.

um ihn von den Geräuschen draußen abzulenken. Sie werden ihm die Angst vor dem unheimlichen Krach nicht ganz nehmen können, aber Sie können ihn unterstützen. Da Sie sein Leittier sind und ganz ruhig mit dem Lärm umgehen, ist es bei aller Angst auch für ihn auszuhalten.

Training gegen die Angst

Neben dem oben genannten Beruhigungs-Pheromon lässt sich die Angst vor Lärm auch zum Teil abtrainieren. Beispielsweise wird eine Film- oder Musikaufnahme, auf der ein Feuerwerk mit allen Geräuschen aufgenommen ist,

immer wieder abgespielt. Sie beginnen zunächst ganz leise und steigern erst dann die Lautstärke, wenn sich Ihr Hund an die Feuerwerksgeräusche gewöhnt hat. Sie selbst gehen ganz normal Ihrer Beschäftigung nach und ignorieren die Geräusche. Pflegen oder füttern Sie Ihren Hund wie immer, egal, ob er etwas Angst hat oder nicht. Wie bei allen Übungen helfen auch hier nur Geduld und ständiges Training mit immer stärker werdender Lautstärke. So wird Ihr Hund Silvester nicht ganz angstfrei, aber mit deutlich weniger Angst überstehen.
Nur bei extrem ängstlichen Hunden kann ein Beruhi-

gungsmittel sinnvoll sein. Versuchen Sie zunächst pflanzliche Präparate mit Baldrian und Hopfen, die es für Menschen gibt, aber denken Sie daran, dass Ihr Hund immer noch sehr gut hört, auch wenn er etwas müde ist. Nur in Extremfällen ist der Einsatz von richtigen Beruhigungsmedikamenten notwendig und sollte nach vorheriger Untersuchung Ihres Hundes durch den Tierarzt erfolgen. Diese Medikamente müssen frühzeitig eingesetzt werden, um richtig wirken zu können. Sie sind oft mit einem langen Nachschlaf verbunden und belasten Herz und Kreislauf.

 **Resümee**

Ängste vor Lärm sind normal und gehören zum Leben. Durch kontinuierliches Gewöhnungstraining lässt sich die Angst verringern. Beruhigungs-Pheromone (siehe S. 69) können dabei helfen, ohne Ihren Hund zu belasten. Übermäßiges Mitleid und viel Unruhe, weil Ihr Hund Angst hat, beruhigen ihn nicht, sondern steigern eher seine Angst. Bürsten oder massieren Sie ihn, wenn es um Mitternacht zu wild knallt, und lassen Sie ihn dann in Ruhe.
Er braucht eine gewisse Zeit, um sich zu beruhigen. Lassen Sie Ihren ängstlichen Vierbeiner an Silvester auf keinen Fall allein daheim!

Wie Fressen zum Erlebnis wird

Abwechslungsreiche Ernährung ist wichtig

Immer wieder werde ich gefragt, welches Futter das Beste für Hunde ist. Leider gibt es kein Patentrezept für alle Hunde. Es gibt nur ein individuelles Futter, das Ihrem Hund schmeckt und das er verträgt. Grundsätzlich sollte jede Kost dem Alter und der Größe des Tieres angepasst sein. Füttern Sie auch erwachsene Hunde mindestens 2-mal am Tag. Das belastet Herz und Kreislauf weniger und beugt den gefährlichen Magenüberladungen oder Magendrehungen vor. Bei der Futtermenge gibt es leider auch kein Patentrezept. Meistens liegen die Angaben auf den Futtermitteln viel zu hoch. Außerdem ist die Menge von dem Auslauf und der Aktivität des Hundes abhängig. Grundsätzlich sollten die einzelnen Mahlzeiten immer vollständig aufgefressen werden.

Überprüfen Sie selbst den Ernährungszustand Ihres Hundes. Sie sollten im Bereich des Brustkorbs bei Ihrem Hund die Rippen spüren können, ohne dass sie hervorstehen. Zwischen Brustkorb und Becken wird der Körper etwas schmaler. Man erkennt von oben die Taille.

Dies entspricht in etwa dem Idealgewicht. Wenn Sie unsicher sind, ob Ihr Hund ausreichend oder übermäßig ernährt ist, lassen Sie sich bei Ihrem Tierarzt beraten oder vergleichen Sie das Gewicht Ihres Hundes mit entsprechenden Gewichtstabellen, die für verschiedene Rassen zusammengestellt wurden.

Gesunder Kompromiss

Die Futtermittelindustrie bietet unendlich viele Futtersorten an, sodass man völlig verwirrt ist. Leider sind die Angaben über die Zusammensetzung des Futters für den Verbraucher sehr unklar, sodass Sie nicht erfahren, was genau darin enthalten ist. Nur wenn Sie das Futter selbst zubereiten, kennen Sie die verwendeten Zutaten und deren Menge genau.

Da nicht jeder Zeit hat, für den Hund zu kochen, empfehle ich einen Kompromiss, der schnell zubereitet ist: Während Sie Hundeflocken mit dünner Fleischbrühe an-

Glänzendes Fell und guter Appetit sind Zeichen einer ausge-wogenen und schmackhaften Ernährung.

quellen lassen, pürieren Sie Gemüse aus der Dose oder gedünstetes Suppengemüse mit Gemüsesaft und mischen ein hochwertiges Dosenfutter mit wenig Fett und einem hohen Fleischanteil dazu. Das ist zwar nicht so hochwertig wie frischgekochte Kost, aber es ist vielseitiger als reines Dosenfutter. Selbstverständlich dürfen Sie auch übrig gebliebenes Gemüse oder Kohlenhydrate von Ihrem Essen verwenden, da sie in der Regel nicht stark gewürzt sind. Ihr Hund darf jedes Gemüse essen, ebenso Kartoffeln, Reis oder Nudeln. Gelegentlich ein gekochtes Ei ist ebenfalls erlaubt. Nur Bratensoßen, stark gewürztes Fleisch und stark gewürzte Wurstreste sind wirklich verboten. So können Sie mit unterschiedlichen Gemüsezutaten bei gleichem Grundfutter Ihrem Hund eine abwechslungsreiche Kost bieten. Da das Grundfutter konstant bleibt, hat Ihr Hund keine Magen-Darm-Probleme durch unterschiedliche Futterzusammensetzung.

Trockenfutter-mischungen

Beim Trockenfutter ist die Auswahl an rassespezifischen und altersgemäßen Futtersorten noch größer als beim Nassfutter. Tatsächlich ist es ein gewaltiger Unterschied, ob Sie eine Dogge oder einen Yorkshire Terrier füttern. Auch das für Ihren Hund entsprechende Trockenfutter können Sie gut mit Gemüse und etwas Kohlenhydraten ergänzen. Zunächst sollten Sie das Futter natürlich mindestens eine Viertelstunde mit dünner warmer Fleischbrühe anquellen lassen und dann mit püriertem Gemüse und Kohlenhydraten mischen. Das Pürieren des Gemüses verhindert, dass Ihr Hund die Gemüsestückchen an die Seite schiebt und nur die Fleischanteile frisst. Nassfutter oder angequollenes Trockenfutter sind wesentlich besser verträglich als reine Trockenkost. Das Futter quillt nicht mehr im Magen, und Ihr Hund muss nicht so viel trinken, da die Flüssigkeit im Futter enthalten ist. Das ist gerade im Sommer, wenn viel Flüssigkeit aufgenommen werden muss, deutlich bekömmlicher.

Ein kleiner Welpe von 13 Wochen wurde von seinen Besitzern in meine Praxis gebracht, weil er nach der Fütterung extrem aufgebläht war und jammerte. Die Besitzer hatten genau das Trockenfutter verwendet, das ihnen der Züchter mitgegeben hatte. Er hatte das Futter seinen Welpen trocken gefüttert und keine Probleme damit gehabt. Da die kleinen Welpen aber häufig noch

Muttermilch oder Welpenmilch trinken, die sehr nahrhaft ist, fressen sie wesentlich geringere Mengen von dem Trockenfutter und können es vertragen. Nach dem Absetzen von der Mutter müssen sie dann deutlich mehr Trockenfutter essen, um satt zu werden. Da es kaum Feuchtigkeit enthält, trinken die Kleinen sehr viel Wasser dazu. Das Futter quillt dann erst im Magen und verursacht nicht selten diesen insgesamt aufgeblähten Bauch und Koliken. Der kleine Welpe bekam von da ab nur noch angequollenes Futter mit etwas Reisschleim 4-mal am Tag in kleinen Portionen. Es ging ihm sofort besser. Auch Hunde mit Nierenproblemen oder Magen-Darm-Erkrankungen und alte Hunde sollten besser Futter zu sich nehmen, das viel Flüssigkeit enthält.
Als kleine Zwischenmahlzeit können Sie jederzeit naturbelassenen Joghurt oder Quark füttern. Milchsäurehaltige Nahrungsmittel sind sehr bekömmlich für den Darm, weil sie die Darmflora unterstützen. Sie eignen sich auch gut zur Diäternährung bei Magen-Darm- oder Lebererkrankungen.

Selbstgekochtes Futter mit frischen Zutaten

Da wir bei den Fertigfuttern nicht genau erfahren, welche Inhaltsstoffe enthalten sind, ist es nicht einfach, ein hochwertiges Futter für Ihren Hund zu finden. Selbst ein hoher Anteil an Rohprotein heißt nicht, dass das Futter viel Fleisch enthält. Häufig sind Fleisch- oder Geflügelmehle darin enthalten. Fleischmehle sind ein gemahlenes Produkt aus Säugetieren ohne Blut, Haut, Haare, Horn und Magen-Darm-Inhalt. In Geflügelmehl sind Knochen und Fleisch sowie Eintagsküken ohne Federn, Kopf, Eingeweide und Füße enthalten. In Fertigfuttern werden neben Tiermehlen auch Fleischnebenprodukte verarbeitet. Dazu gehören Innereien, Blut, Knochen und gesäuberter Magen oder Darm. Auch Trockenvollei, Soja, Fischmehl und Milcheiweiß sind ein wichtiger Bestandteil vieler Futtermittel. Diese Substan-

zen sind an sich nicht gesundheitsschädlich, denn auch in der Natur werden Blut, Knochen oder Därme nebst Inhalt gefressen, aber sie sind kein hochwertiges, gut verdauliches Fleisch. Der Rohfaseranteil besteht auch nicht aus gemischtem Gemüse, sondern aus Zuckerrübenschnitzeln. Ähnlich ist es mit der Zusammensetzung der Rohfettbestandteile. Sie enthalten häufig wenig Pflanzenfett mit ungesättigten Fettsäuren, stattdessen tieri-

Die beiden Retriever warten hungrig, bis das Futter zubereitet ist.

sches Fett unterschiedlicher Herkunft.

Da die Bestandteile während der Verarbeitung stark erhitzt werden, müssen die zerstörten Vitamine wieder hinzugefügt werden.

Nichts geht über Hausmannskost

Wenn Sie selbst mit frischen Zutaten für Ihren Hund kochen, können Sie dagegen hochwertiges Futter ohne Zusatzstoffe zubereiten. Für ca. 100 g Futter benötigen Sie etwa 40 g Gemüse, 40 g Kohlenhydrate und 20 g Eiweiß und Pflanzenöl.

Bei einem **Grundrezept,** das Sie in einer Viertelstunde zubereiten können, verwenden Sie als Kohlenhydrate gekochte Haferflocken, Nudeln, Kartoffeln oder Reis. Sie ergänzen dies mit verschiedenen kleingeraspelten Gemüsesorten wie Karotten und Petersilienwurzel oder auch etwas Salat. Manche Gemüsesorten sind besser verdaulich, wenn Sie sie etwas andünsten. Dazu mischen Sie kleingeschnittenes Rindfleisch und Pflanzenöl. Dieses Grundrezept können Sie mit verschiedenen Fleischsorten variieren. Geflügelfleisch sollten Sie lieber anbraten oder dünsten, um Salmonelleninfektionen vorzubeugen, frisches Rindfleisch und Rinderherz können Sie roh und gekocht füttern. Auch gekochtes Lammfleisch und Wild sind neben gedünstetem Fisch und gekochtem Ei wertvolle Eiweißkomponenten. Quark und Joghurt eignen sich sehr gut als Zwischenmahlzeit und fördern eine gesunde Darmflora. So können Sie durch unterschiedliche Mischungen verschiedener Gemüse, Kohlenhydrate und Fleischsorten abwechslungsreiche Mahlzeiten für Ihren Hund zubereiten. Da die Grundmengen der einzelnen Bestandteile gleich bleiben, haben Sie nach Gewöhnung an selbstgekochtes Futter in der Regel keine Probleme mit Verdauungsstörungen wegen unter-

Diese Hackfleischbällchen enthalten Rinderhackfleisch mit Zwiebeln, etwas Knoblauch, Kräutern und Semmel. Die Zutaten werden vermischt, zu Klößchen geformt, gut durchgebraten und mit Brühe, Reis und etwas Sahne angerichtet. Statt Rinderhackfleisch kann man auch Geflügelfleisch verwenden.

schiedlicher Futterzusammensetzung. Natürlich müssen Sie individuelle Unverträglichkeiten bei der Nahrungszubereitung berücksichtigen. Und wenn Sie mal wenig Zeit haben, dann kochen Sie einfach Gemüse und Kohlenhydrate für ein paar Tage vor und mischen nach kurzem Aufwärmen Fleisch dazu. Sollten Sie Hilfe und Tipps für die Futterzubereitung brauchen – es gibt inzwischen einige Kochbücher für den Hund!

Ergänzungsfuttermittel

Diese Futtermittel sollen einen Mangel in der Ernährung ausgleichen oder bei erhöhtem Bedarf an bestimmten Zusatzstoffen dem Körper zur Verfügung stehen. Zu dieser Gruppe gehören viele Vitaminpräparate oder Präparate, die ungesättigte Omegafettsäuren enthalten. Sie sollen als Kur zum Beispiel beim Fellwechsel und bei Hauterkrankungen eingesetzt werden oder zur Unterstützung nach langer Krankheit oder schweren

Operationen, wenn Ihr Hund noch wenig Futter aufnimmt. Hat sich Ihr Hund wieder erholt oder ist der Fellwechsel abgeschlossen, braucht er diese Zusätze bei ausgewogener Ernährung nicht mehr. Schlimmer noch, sie können bei Daueranwendung und Überdosierung von Vitaminen und Ölen auch Schäden verursachen.

Fragen Sie bitte bei Ihrem Tierarzt nach, wie lange Sie die Zusätze anwenden sollen, und kaufen Sie nicht noch zusätzlich alle möglichen Vitamine im Zoohandel dazu. Die Zusammensetzung sollte auf den Bedarf Ihres Hundes abgestimmt sein. Denken Sie daran, dass auch Fertigfuttermitteln Vitamine zugesetzt werden.

Bei Problemen mit Magen und Darm

Eine weitere große Gruppe von Ergänzungsfuttermitteln wird bei Magen-Darm-Erkrankungen eingesetzt, um Salzverluste schnell auszugleichen und Giftstoffe im Darm zu binden. Sie werden vom Tierarzt mit genauer Diätanweisung verordnet. Die Diät beginnt meistens mit einem Fastentag, an dem Ihr Hund nur Tee oder Fleisch-

Resümee

Ergänzungsfuttermittel sind eine gute Sache, um Heilungsprozesse zu unterstützen, aber sie sollten nur nach Rücksprache mit Ihrem Tierarzt angewendet werden und immer auch an die Fütterung angepasst sein. »Viel hilft viel«, ist auf jeden Fall falsch. Zu viel kann sogar schädlich sein.

brühe bekommt. Das Futtermittel wird zunächst in den Tee oder die Brühe gemischt, in den darauf folgenden Tagen dann in Reis- oder Haferschleim. Da der Magen und der Darm zur Ruhe kommen müssen, ist normales Futter verboten, auch wenn Ihr Hund Hunger hat. Wenn Sie die Anweisungen genau befolgen, wird sich Ihr Hund schnell erholen. Die Ergänzungsfuttermittel versorgen ihn mit den nötigen Salzen und Kohlenhydraten, damit er während der Diät ausreichend Energie und Elektrolyte erhält, und sie unterstützen den Heilprozess im Darm. Die Ernährung wird schrittweise wieder aufgebaut, indem normales Futter unter das Diätfutter gemischt wird. Bald sind diese Zusätze nicht mehr notwendig.

Für gesunde Gelenke

Eine sehr große Anzahl von Ergänzungsfuttermitteln ist zur Unterstützung des Gelenkstoffwechsels entwickelt worden. Das Angebot ist verwirrend und verspricht immer tolle Wirkungen bei Lahmheiten, Abnutzungen der Gelenke oder im Wachstum. Bleiben Sie realistisch! Ergänzungsfuttermittel sind keine Medikamente, sondern sie unterstützen den Heilungsprozess oder vermindern Abnutzungsschäden am Gelenk. Erneuern können sie geschädigte Gelenke nicht. Diese Futtermittel enthalten Chondroitinsulfat, einen Knorpelbaustein, der aus Weich- und Krebstieren gewonnen wird. Auch Teufelskralle, Gelatine, Spurenelemente und Vitamine gehören häufig zu den Inhaltsstoffen. Diese Substanzen unterstützen die Gelenkfunktion, aber die Mengenangaben, wie viel davon genau in der Packung enthalten ist, sind leider oft unklar. Nur die Zusatzstoffe, Vitamine und Spurenelemente, haben klare Mengenangaben. Sie müssen sich also auf die Beschreibung der Hersteller verlassen, wenn geschrieben steht, dass das Futtermittel einen bedarfsgerechten Gehalt an Chondroitinsulfat hat.

Nicht ohne ärztlichen Rat

Das Ganze ist für den Laien und auch oft für den Tierarzt nicht zu durchschauen. Für mich als Tierärztin sind vergleichende Studien über die Wirkung der einzelnen Präparate noch die beste Möglichkeit, eine Entscheidung zu finden, welches Präparat ich empfehle. Kaufen Sie also nicht irgendetwas, sondern lassen Sie sich von Ihrem Tierarzt beraten, denn er hat meist schon bestimmte Erfahrungen mit speziellen Präparaten gemacht. Außerdem kennt er die Krankheitsgeschichte Ihres Hundes und weiß, wann Sie Medikamente für ihn brauchen und wann Ergänzungsfuttermittel die Heilung ausreichend unterstützen.

Leckerlis – wann und wie viel?

N a t ü r l i c h hat niemand etwas dagegen, wenn Sie Ihrem Hund ab und zu Leckerlis geben, aber sie sollen immer etwas Besonderes bleiben, und er muss sie sich immer verdienen. Bitte stopfen Sie ihn damit nicht so voll, dass er dick wird. Das hat mit Tierliebe nichts zu tun, sondern es macht ihn krank!

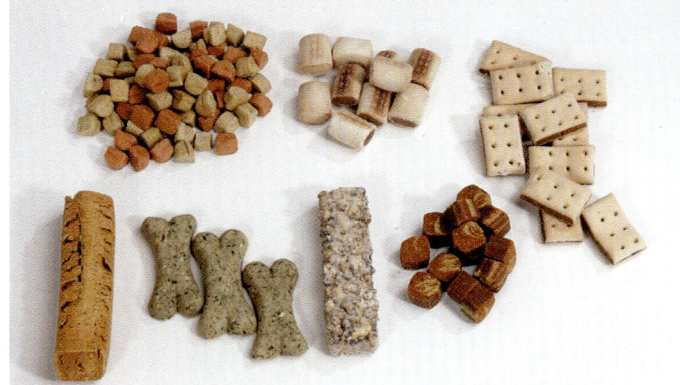

Diese heimlichen Kalorienbomben führen leicht zu Übergewicht. Sie sollten nur ganz selten gefüttert werden.

Nur als Belohnung oder Ritual

Geben Sie ihm auch keine Leckereien, weil er so nett schaut, wenn Sie beim Essen sitzen. Damit begehen Sie einen folgenschweren Erziehungsfehler, den man nur sehr schwer korrigieren kann. Ihr Hund fängt an zu betteln, sobald Sie etwas essen. Diese Unart kann sich zu einer lästigen Plage entwickeln. Wenn Sie glauben, das eine Mal sei doch nicht so schlimm, täuschen Sie sich gewaltig. Er hat sofort Ihre Inkonsequenz erkannt und wird immer wieder versuchen, beim Essen zu betteln. Ihr Hund ist schlauer, als Sie denken. Sie haben ihn ja beim ersten Mal mit einem Leckerli belohnt.

Geben Sie Leckerlis nur als Belohnung, wenn er etwas richtig gemacht hat. Zum Beispiel, wenn er draußen sein Geschäft erledigt und nicht auf dem Teppich oder wenn er beim Einkaufen ruhig vor einem Geschäft wartet. Belohnen Sie ihn auch immer, wenn er beim Training Kommandos richtig ausführt. Die Menge ist dabei gar nicht entscheidend. Ein kleines Stückchen Hundetrockenfutter reicht völlig aus.

Ein Leckerli genügt, sonst leidet die Figur. Der Dalmatiner wird zusätzlich gelobt, weil er eine Aufgabe richtig ausgeführt hat.

Sie loben ja auch noch mit Stimme und Streicheln. Für Ihren Hund ist grundsätzlich die lobende Zuwendung wichtig. Das muss nicht immer etwas Essbares sein. Es gibt natürlich kleine Rituale, die auch im Leben eines Hundes ihren Platz haben dürfen, wie zum Beispiel ein Stück Hundekuchen oder getrockneten Pansen am Abend, wenn er zum Schlafen auf seinen Platz geht oder wenn Sie ihn eine Zeitlang alleine lassen müssen. Das ist in Ordnung, wir wollen ihn ja auch ein bisschen verwöhnen. Problematisch wird es nur, wenn Ihr Hund schon zu dick ist. Dann heißt es auch bei den Leckerlis, ganz streng auf die Kalorien zu achten.

Kalorienarm schmeckt auch

Was dürfen Sie nun geben? Das Angebot ist reichhaltig und meist sehr kalorienreich, oft gibt es keine Angaben über Fett- und Eiweißgehalt. Wenn Ihr Hund regelmäßig ein Stück getrockneten Pansen, einen harten Hundekuchen oder ein Stück hartes Vollkornbrot erhält, geben Sie ihm grundsätzlich weniger Futter. Er bekommt ja

Tipp Wer Zeit und Lust hat, kann Hundekekse selbst backen. Sie enthalten Vollkornmehl, Butter und Ei und als Geschmackskomponente etwas Honig oder geriebenen Käse. Das sind natürlich auch Kalorien, die Sie bei der normalen Fütterung einsparen müssen.

noch zusätzlich Kalorien, entweder beim Training oder als Belohnung, wenn er im Alltag gut gehorcht.

Bei übergewichtigen Hunden müssen zunächst die Futterration und die Futterzusammensetzung durch gekochtes Gemüse korrigiert werden. Hier sollten Sie auf handelsübliche Leckerlis völlig verzichten. Ein Knäckebrot oder für magenempfindliche Hunde ein Stück Reiswaffel, mit Quark oder mit magerer Leberwurst dünn bestrichen, sind sehr gut geeignet. Sie geben ihm davon mehrere kleine Stücke. Es reicht ein Knäckebrotsandwich über den ganzen Tag verteilt. So kann Ihr Hund auch mit wenigen Kalorien belohnt werden.

Gesundes Kauvergnügen

Kaustreifen oder Kauknochen aus Büffelhaut und Ochsenziemer regen Ihren Hund zum Kauen an und pflegen gleichzeitig die Zähne. Haut- und Sehnengewebe ist besonders zäh und hält deshalb auch länger. Bei kleinen und alten Hunden, die diese harten Kauteile nicht mehr so gut beißen können, hilft es, den Kauknochen oder Ochsenziemer etwas in dünner Fleischbrühe aufzuweichen, bevor Sie ihn Ihrem Hund geben. Achten Sie aber darauf, dass Ihr Hund die Endstücke nicht auf einmal verschluckt. Sie können zum einen im Hals stecken bleiben und auch im Darm Probleme verursachen.

Schonkost für alte oder kranke Hunde

Vierbeinige Senioren

Der Zoofachhandel bietet ein reichliches Angebot an Seniorfutter, das uns als Käufer vollkommen verwirrt. Wann ist mein Hund ein Senior?

Schon allein diese Frage lässt sich nicht mit einer Zahl beantworten. Grundsätzlich gilt:

Große Hunderassen zählen schon mit ca. 8 Jahren, kleine Hunderassen erst mit ca. 10 Jahren zu den Senioren. Ältere Hunde sollten immer 2-3-mal am Tag gefüttert werden, denn der gefüllte Magen belastet das Herz. Da der alte Hund wesentlich weniger Kalorien verbraucht, weil er sich deutlich weniger bewegt und viel schläft, muss die Futtermenge etwas reduziert werden. Das Futter sollte immer angequollen oder Nassfutter sein, da die Nieren des alten Hundes besonders viel Flüssigkeit benötigen, um Giftstoffe auszuscheiden. Manchmal empfiehlt es sich selbst bei Nassfutter, noch Flüssigkeit unterzumischen. Der Eiweißgehalt und der Fettgehalt des Futters müssen reduziert werden, um Leber und Nieren zu entlasten. Die Funktion beider Organe wird im Alter schwächer.

Die Nahrung langsam umstellen

Sollte Ihr Hund sich schlecht an ein neues Futter gewöhnen lassen oder gar gesund-

---

Resümee

Leckerlis sind in jedem Hundeleben in Maßen erlaubt, aber sie sollten immer etwas Besonderes bleiben. Vergessen Sie niemals, die normale Futterration um die Menge zu reduzieren, in der Sie Leckerlis zufüttern. Dann haben Sie keine Probleme mit dem Gewicht und der Gesundheit Ihres Hundes. Ihr Hund freut sich aber auch über lobende Worte und Streicheln, wenn er etwas richtig gemacht hat. Liebe geht nicht nur über den Magen!

Kranke Hunde benötigen leicht verdauliches Futter und viel Ruhe. Sie genießen auch häufig die Wärme, wenn sie zugedeckt werden.

heitliche Probleme bei der Umstellung haben, empfiehlt es sich, etwa ein Drittel der normalen Fertigfuttermenge zu reduzieren und stattdessen gekochten Reis mit Suppengemüse und Kräutern unterzumischen. Salzlos gekochter Reis hat entwässernde Wirkung und hilft damit bei Herzproblemen. Anfangs kann man Reis und Suppengemüse pürieren, um die Akzeptanz zu erleichtern. Haferflocken sind wegen ihres hohen Phosphatgehalts, der die Nieren belastet, eher zu meiden. Zusatzfuttermittel mit Chondroitinsulfat und Teufelskralle helfen bei be-

ginnenden Arthrosen, Weißdorn unterstützt zusätzlich das Herz. Mit einer Zwischenmahlzeit mit Quark oder Joghurt geben Sie Ihrem Hund mildes Eiweiß und unterstützen durch die Milchsäure den Darm.
Bei selbstgekochtem Futter verfahren Sie grundsätzlich genauso: Sie reduzieren den Eiweißanteil und verwenden möglichst hochwertiges und fettarmes Geflügelfleisch. Der Kohlenhydratanteil mit dem Gemüse wird erhöht und reichlich Flüssigkeit dazugeben. Die Zusatzfuttermittel bleiben die gleichen wie bei Fertigfutter.

Magen-Darm-Probleme

Magen-Darm-Erkrankungen lassen sich besonders gut mit Diäternährung beeinflussen. Egal, welche Ursachen die Erkrankung ausgelöst haben, eine Diät gehört zu jeder Behandlung dazu.

 **Resümee**

Fütterungs-Grundregeln für Hundesenioren: mehrere kleine Mahlzeiten, geringerer Eiweiß- und Fettgehalt, hochwertiges, leicht verdauliches Eiweiß, mehr Kohlenhydrate, reichlich Flüssigkeit im Futter und keine plötzlichen Futterwechsel.

Resümee

Grundlagen einer Magen-Darm-Diät:

1 oder 2 Fastentage mit ausschließlicher Flüssigkeitsaufnahme von Tee mit Fleischbrühe, danach mehrere Reisschleimtage, zunächst mit Babykost, später schrittweise mit mildem Fleisch oder Quark. Erst wenn die Krankheitssymptome abgeklungen sind, langsame Umstellung auf Normalkost. Niemals Trockenfutter füttern, da der Flüssigkeitsverlust schon durch die Erkrankung sehr hoch ist.

Zunächst muss ein Hund mit Magen-Darm-Problemen wie Erbrechen oder Durchfall 1–2 Tage fasten, da jedes Futter die entzündeten Verdauungsorgane belastet und meistens die Krankheit verschlimmert. Während des Fastens muss aber auf eine reichliche Flüssigkeitszufuhr geachtet werden. Da Ihr Hund sehr viel Salz verloren hat, sollte er eine Mischung aus leicht gesalzener Brühe mit gesüßtem Kamillentee erhalten. Viele Hunde trinken das nicht freiwillig, aber sie benötigen dringend Salze und Kalorien, um nicht noch schwächer zu werden. Mit Hilfe einer größeren Injektionsspritze können Sie die Flüssigkeit eingeben. Wenn sich Magen und

Darm beruhigt haben, darf Ihr Hund am nächsten Tag schon Reisschleim mit Fleischbrühe fressen. Nach dem Fastentag freut sich jeder Hund über das erste Futter. Verabreichen Sie bitte 6–8 kleine Mahlzeiten. Neben Reisschleim können Sie auch Haferschleim oder Kartoffelbrei ohne Milch geben und als Geschmackszusatz Babybrei vom Menschen mit Geflügel und Reis teelöffelweise untermischen. Wenn sich der Zustand Ihres Hundes weiter verbessert, kann er nach einem weiteren Tag mildes Eiweiß zum Reisschleim in Form von gedünstetem Hühnchen oder gedünstetem Rinderhackfleisch fressen. Die Zahl der Mahlzeiten wird langsam wieder reduziert. Zwischenmahlzeiten mit Zwieback oder Reiswaffeln mit Quark ergänzen die Diät. Quark und Joghurt oder spezielle Darmfloraprodukte aus der Apotheke helfen den Darm wieder zu normalisieren.

Erst nach 5–6 Tagen mit strenger Schonkost beginnen Sie schrittweise, normales Hundefutter unter den Reisschleim zu mischen. Sobald Ihr Hund sein normales Futter wieder verträgt, können Sie

den Reisschleim langsam reduzieren oder durch gekochten Reis ersetzen. Sollte sich der Zustand trotz konsequenter Diät nicht verbessern oder entdecken Sie Blut im Kot, gehen Sie bitte unbedingt zu Tierarzt. Beides kann Hinweis auf eine schwere Erkrankung sein, die intensiv behandelt werden muss.

Nierenerkrankungen

Bei chronischen Nierenerkrankungen kann man durch geeignete Diäternährung die Nieren entlasten und so ihre Funktion wieder verbessern. Neben einer deutlichen Reduktion des Eiweißgehalts im Futter sollte möglichst hochwertiges Eiweiß wie Eier, Milchprodukte und mageres Muskelfleisch verwendet werden.

Der Kohlenhydratanteil wird erhöht und mit pflanzlichen Ölen angereichert, um ausreichend Energie im Futter zu erhalten. Da bei erkrankten Nieren die Phosphorausscheidung aus dem Körper reduziert ist, muss der Phosphatgehalt des Futters reduziert werden. Dies kann zum einen durch phosphatbindende Ergänzungsfuttermittel erreicht werden, zum anderen sollten besonders phos-

phathaltige Futtermittel wie Innereien und auch Haferflocken vermieden werden. Da bei Nierenerkrankungen eine ausreichend Flüssigkeitsaufnahme ungeheuer wichtig ist, sollte das Futter möglichst viel Flüssigkeit enthalten.
Wenn Ihr Hund Milch und Joghurt gut verträgt, kann er zusätzlich zum normalen Wasser auch noch Milchprodukte trinken.

Da es nicht ganz einfach ist, Nierendiäten selbst zu kochen, können Sie spezielle Nierendiätfutter über Ihren Tierarzt beziehen. Verwenden Sie unbedingt Nassfutter, da Hunde mit Nierenerkrankungen häufig austrocknen, denn es wird mehr Flüssigkeit ausgeschieden, als der Körper aufnehmen kann. Trockenfutter würde die Austrocknung noch verstärken. Nierenkranke Hunde müssen oft

Resümee

Grundlagen der Nierendiät:

Fütterung von weniger, aber hochverdaulichem Eiweiß, Erhöhung des Kohlenhydratanteils im Futter bei gleichzeitiger Gabe von Pflanzenöl als Energielieferant, Reduktion des Phosphatgehalts, reichliche Flüssigkeitszufuhr über das Futter und auch über Milchprodukte.

zeitlebens Diätfutter fressen. Auch wenn sich das Krankheitsbild verbessert hat, sollten Sie konsequent bei der Schonkost bleiben. Jeder Rückfall schädigt die Nieren nachhaltig und meist auch irreversibel, und das ist lebensbedrohlich.

Allergien

Ein besonders schwieriges Gesundheitsproblem sind zunehmende Allergien bei unseren Hunden. Die Hauptsymptome sind starker Juckreiz, Hautentzündungen, Haarausfall und Ohrenentzündungen. Neben den äußeren Ursachen wie Pollen, Parasiten und Hausstaub können auch Futtermittel Allergien auslösen. Häufig sind die Eiweißbestandteile im Futter dafür verantwortlich. Durch so genannte Eli-

Haferklößchensuppe ist eine bekömmliche Schonkost. Die Zutaten, 180 g Hafermehl, 2 Eigelb, Petersilie, Muskat, Majoran und 50 g Butter, werden mit etwas Fleischbrühe zu einem Teig verrührt, der dann mit Eischnee (von 1 Eiweiß) vermischt wird. Mit einem Löffel werden kleine Klößchen abgestochen, die dann 20 Minuten in einer kochenden Brühe ziehen müssen.

Der West Highland White Terrier neigt zu allergischen Hauterkrankungen.

Resümee

Allergiefutter:

Allergiefutter müssen individuell auf Ihren Hund abgestimmt sein.
Nach Eliminationsdiät werden ausschließlich Eiweiße und Kohlenhydrate verwendet, die Ihr Hund verträgt. Frisches Gemüse und ungesättigte Fettsäuren dürfen im Futter nicht fehlen. Auch Leckerlis dürfen keine unverträglichen Eiweiße enthalten.

minationsdiäten wird versucht, den Allergieauslöser zu finden, um ihn in Zukunft bei der Fütterung zu vermeiden. Die äußeren Allergieauslöser müssen zusätzlich durch intensive Pflege, Floh- und Zeckenbekämpfung und Medikamente behandelt werden.
Bei der Eliminationsdiät werden Eiweiße und Kohlenhydrate verwendet, mit denen Ihr Hund bisher noch nicht gefüttert wurde. In manchen Fällen ist eine ausschließliche Fütterung von Lamm und Reis bereits wirksam. Sie sollten diese Fütterung mindestens 3–10 Wochen durchführen, um eine Wirkung zu sehen. Beachten Sie bitte, dass Sie während dieser Zeit auch keine Leckerlis mit anderen Eiweißkomponenten füttern. Selbst geringste Mengen können allergische Symptome auslösen. Wenn Sie keine Besserung nach dieser Zeit feststellen können, muss die Diät erneut verändert werden. Sie verwenden nun Eiweiß ausschließlich aus Geflügelfleisch. Da in vielen Futtermitteln Hühnerfleisch verarbeitet wird, sollten Sie ausschließlich Entenfleisch füttern. Statt Reis können Sie

Kartoffeln als Kohlenhydratanteil verwenden.
Bei weiteren Diätversuchen kann Fisch oder Tofu als Eiweißquelle ausprobiert werden. Auf diese Art und Weise müssen Sie über Monate Futterzusammensetzungen testen, bis Sie eine deutliche Besserung der Allergiesymptome feststellen können. Frische Gemüse und ungesättigte Fettsäuren aus Fisch- oder Pflanzenöl dürfen natürlich nicht fehlen.
Wenn Sie eine Futtermischung gefunden haben, die Ihr Hund gut verträgt, sollten Sie dauerhaft dabei bleiben. Jede Veränderung kann erneut allergische Reaktionen auslösen.
Obwohl die Futtermittelindustrie auch für Allergiker bestimmte Futtermittel entwickelt hat, bei denen ausschließlich Eiweiß aus Lammfleisch oder Entenfleisch verwendet wurde, empfehle ich Ihnen, das Futter selbst zuzubereiten, da frisches Fleisch und frisches Gemüse immer hochwertiger ist als Fertignahrung. Sie sollten wenigstens einen Kompromiss finden und frisches Gemüse mit Pflanzenöl und Kohlenhydrate zum Diätfertigfutter dazumischen.

Sanfte Hilfe bei Erkrankungen und Verletzungen

Welche Hausmittel sind auch bei Hunden sinnvoll?

Probleme mit Magen und Darm

Magen-Darm-Erkrankungen sind bei Hunden relativ häufig, da sie durch Schnuppern und Lecken draußen an den Markierstellen anderer Hunde immer wieder aggressive Bakterien und Viren aufnehmen können. Neben der Magen-Darm-Diät, die ich im vorherigen Kapitel (siehe S. 85) beschrieben habe, können Sie medizinische Kohletabletten oder Heilerde, aufgelöst in Fenchel- oder Kamillentee, eingeben oder unter das Diätfutter mischen. Kohle und Heilerde sind so genannte Absorbenzien. Sie binden Giftstoffe im Darm, die von Bakterien gebildet werden, und lindern so akute Beschwerden wie Gärungen und Darmkrämpfe. Diese Absorbenzien dürfen aber nicht zusammen mit anderen Medikamenten eingegeben werden, da sie auch die Wirkung dieser Medikamente herabsetzen. Fenchel, Kamille und Salbei helfen bei Darmkoliken und wirken entzündungshemmend im Darm. Eine Wärmflasche auf dem Bauch und eine warme Decke lindern ebenfalls Bauchschmerzen und verhindern Auskühlung durch labilen Kreislauf und Salzverlust.

Erkältungskrankheiten

Bei Erkältungskrankheiten und Halsentzündungen beruhigt lauwarme Milch mit Honig den entzündeten Rachen und liefert gleichzeitig Kalorien, weil häufig schlecht gefressen wird. Auch Bronchialtee mit Honig lindert den Hustenreiz. Kleingeschnittene Salbeiblätter können unter das Futter gemischt werden, wenn Ihr Hund nicht zu wählerisch ist. Sie wirken entzündungshemmend im Rachenraum, haben aber einen intensiven Eigengeschmack. Auch pflanzliche Hustensäfte, die für Säuglinge geeignet sind, dürfen Sie Ihrem Hund mit Tee einflößen. Starke ätherische Öle wie Pfefferminzöl sind für die empfindliche Hundenase nicht geeignet, aber durch Inhalieren von Kamillendampf wird der Schleim im Nasen-Rachen-Raum gelöst und die Heilung gefördert. Die Inhalation ist bei Hunden, die eine Box kennen, gar kein

Problem. Sie setzen Ihren Hund in eine Hundebox und stellen den dampfenden Kamillentee vor die geschlossene Boxentür. Eine helle Decke oder ein Handtuch wird so über die Box und den Kamillentopf gehängt, dass die Rückseite der Box zur Hälfte frei bleibt. Durch die Öffnung an der Rückseite und die Helligkeit findet Ihr Hund die feuchte Höhle nicht bedrohlich. Der Dampf zieht von vorne nach hinten durch die Box, und Ihr Hund kann ihn einatmen. Nach 10 Minuten darf Ihr Hund wieder aus der Box heraus und wird natürlich gelobt.

Ergänzend zur Inhalation beruhigen Kochsalznasensprays und Nasensprays mit Bepanthen die Nasenschleimhaut. Natürlich lässt sich kein Hund einen Sprühstoß in die Nase sprühen, aber man kann diese Sprays problemlos in eine kleine 1-ml-Spritze umfüllen und dann vorsichtig in jedes Nasenloch tropfen. Ihr Hund wird dann meistens niesen und so die Nase von lästigem Sekret befreien. Danach tropfen Sie noch einmal Nasentropfen in jedes Nasenloch. Da trockene Luft die Schleimhäute reizt, sollten Sie im Bereich des Schlafplatzes Ih-

res Hundes die Luft anfeuchten, entweder durch einen elektrischen Luftbefeuchter oder feuchte Handtücher auf der Heizung und auf einem Wäscheständer. Beim Befeuchten der Luft dürfen Sie in geringen Mengen ätherische Öle zum Schleimlösen einsetzen.

Fieber und Entzündungen

Die fiebersenkende Wirkung von Wadenwickeln beim Menschen ist bekannt. Sie können auch bei Ihrem Hund bei stark erhöhter Körpertemperatur nasse kalte Tücher um die Gliedmaßen wickeln. Sobald die Tücher warm geworden sind, werden sie durch neue kalte Tücher ersetzt. Bei einem Hitzschlag mit hohem oder infektiös bedingtem Fieber lässt sich so die Körpertemperatur wieder deutlich senken.

Auch allergische Reaktionen auf Insektenstiche oder entzündliche Schwellungen im Bereich der Gelenke oder des Gesäuges lassen sich durch kühlende Umschläge gut beruhigen. Hierzu verwenden Sie kaltes Essigwasser oder an gering behaarten Stellen essigsaure Tonerdesalbe oder Quarkumschläge. Diese Um-

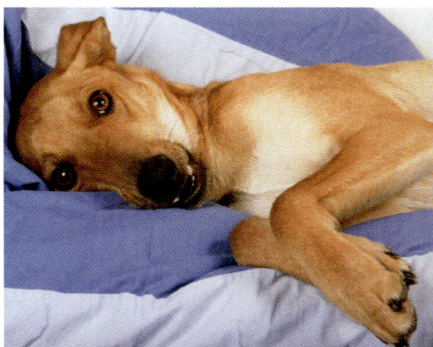

Der Mischling möchte gerne im Bett bleiben, weil er müde ist. Wenn er nicht frisst, muss er zum Tierarzt.

schläge werden immer wieder erneuert, sobald sie warm oder trocken geworden sind. Sie müssen bei Ihrem Hund bleiben, damit er die Umschläge nicht abreißt, oder Sie ziehen ihm Socken oder ein T-Shirt an, um ein Abreißen zu verhindern. Kleine Insektenstiche oder Reizungen nach Zeckenbissen können Sie mit den normalen Gels gegen Insektenstiche behandeln. Sie verhindern

Tipp Bewahren Sie Kinderstrümpfe, Bodys oder T-Shirts in entsprechender Größe auf und ziehen Sie sie Ihrem Hund zwischendurch spielerisch an. Das erleichtert Ihnen eine Salbenbehandlung und schützt jeden Verband.

Resümee

Viele Hausmittel aus der Humanmedizin können Sie auch bei Ihrem Hund anwenden. Bei Medikamenten ist jedoch größte Vorsicht geboten, da Hunde manche Medikamente nicht vertragen. Fragen Sie deshalb immer bei Ihrem Tierarzt nach, ob Sie ein Medikament einsetzen dürfen, um die möglichen Risiken und Nebenwirkungen und die richtige Dosierung zu erfahren. Lassen Sie sich eine kleine Hausapotheke zusammenstellen, die Sie auch in den Urlaub mitnehmen können.

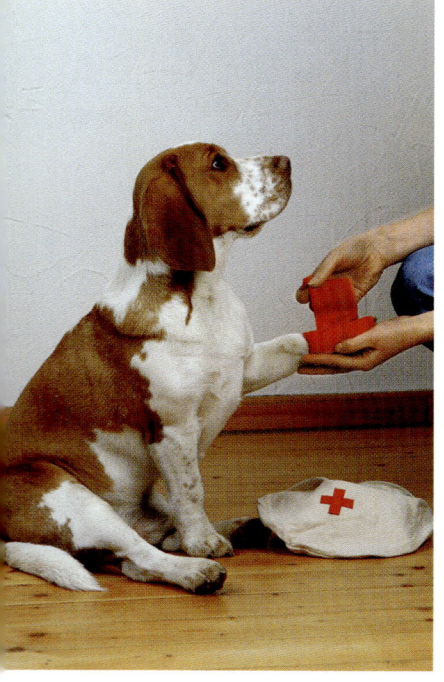

Jede Pfotenverletzung sollte sofort gereinigt und verbunden werden.

dadurch stärkeren Juckreiz und Kratzen, was meist zu Hautentzündungen führt. Hunde, die sämtliche Salben oder Gels sofort wieder ablecken, werden einfach angezogen, bis die Salbe oder das Gel eingedrungen ist.

Kleinere Wunden und Verletzungen

Kleine Verletzungen wie eingerissene Krallen oder Schnitt- und Rissverletzungen an Pfoten, Beinen oder am Körper kommen in jedem Hundeleben vor. Auch kleine Bissverletzungen nach Raufereien sollten Sie sofort behandeln. Grundsätzlich müssen alle Wunden gereinigt werden. Entfernen Sie zunächst die Haare mit einer Schere und waschen Sie den Schmutz und das Blut mit lauwarmem Wasser ab. Alle Wunden werden trockengetupft und danach mit Jodsalbe und Bepanthen Wund- und-Heilsalbe versorgt, um Infektionen vorzubeugen. Danach muss immer ein Verband angelegt werden, damit an der Wunde nicht geleckt wird und kein Schmutz eindringt. Alle Verbände müssen Sie täglich wechseln und die Wunde immer wieder reinigen, um Wundinfektionen

und Druckstellen durch den Verband zu verhindern. Bitte suchen Sie unbedingt Ihren Tierarzt auf, wenn eine Wunde nicht innerhalb von 3 Tagen problemlos verheilt ist oder wenn sie stark schmerzt.

Verletzungen im Bereich der Augen, der Nase oder des Fanges dürfen nicht mit Jodsalbe behandelt werden, da die Schleimhäute und die Augenoberfläche durch Jod geschädigt werden können. Sie werden nur sorgfältig gereinigt und mit Bepanthen Augen-und-Nasensalbe versorgt.

Fälle für den Tierarzt

Augenverletzungen müssen immer so schnell wie möglich von einem Tierarzt behandelt werden, um den Verlust der Sehkraft oder gar des Auges zu verhindern. Sie sind immer ein tierärztlicher Notfall.

Größere klaffende Wunden und tiefe Verletzungen müssen ebenfalls schnell tierärztlich behandelt werden. Sie werden gereinigt, mit einem Antibiotikum versorgt, um Infektionen vorzubeugen, und genäht. Nur frische Wunden heilen nach Wundnaht ohne Probleme.

Homöo-pathische Arzneimittel

Der Arzt und Chemiker Samuel Hahnemann beobachtete am Ende des 18. Jahrhunderts, dass Arzneimittel, die Fieber erzeugen, auch Fieber heilen können. Durch ihn wurde das so genannte Simileprinzip begründet, nach dem bis heute in der Homöopathie behandelt wird. Dies bedeutet: »Ähnliches soll durch Ähnliches geheilt werden!« So wird Erbrechen zum Beispiel mit Nux vomica, der Brechnuss, in verdünnter Form behandelt, um im Körper einen Selbstheilungsprozess in Gang zu setzen.

In der klassischen Homöopathie werden Einzelmittel, verwendet, die bestimmte Krankheitssymptome auslösen. Sie können aber auch mit anderen Einzelmitteln kombiniert werden. In der biologischen antihomotoxischen Medizin, einer weiterentwickelten Form der klassischen Homöopathie, gibt es Einzelmittel, die in verschie-

Neben Verbandszeug, Wundsalben und Gel für Insektenstiche sollten auch homöopathische Arzneimittel in keiner Hausapotheke fehlen.

denen Potenzen (Verdünnungen) gemischt werden, aber auch Substanzgemische aus unterschiedlichen Einzelmitteln. Diese Substanzgemische orientieren sich ebenfalls an den Krankheitssymptomen.

Das sollten Sie parat haben

Da es für einen Laien sehr schwierig ist, das richtige homöopathische Medikament für die Krankheit seines Hundes zu finden, hier einige homöopathische Mischpräparate der biologischen Medizin, die sich sehr gut bewährt haben und in keiner Hausapotheke fehlen sollten.

Traumeel ist eines der bekanntesten Medikamente in der homöopathischen Medizin. Es wird bei Verstauchungen, Prellungen, Blutergüssen und Entzündungen der Sehnen und Gelenke und auch bei Arthrosen eingesetzt. Auch Verletzungen von verschiedenen Organen und Geweben werden damit behandelt. Tropfen und Tabletten werden innerlich angewendet, die Salbe äußerlich. Neben Arnica, Calendula und Hamamelis sind noch 12 weitere Substanzen enthalten, die alle Schmerz und Entzündungen bekämpfen und die Wundheilung fördern.

Homöopathische Globuli und Tabletten lassen sich gut verabreichen, da sie klein sind und ausschließlich nach Milchzucker schmecken.

Arnica wirkt als Einzelmittel bei Quetschungen und Verstauchungen mit Bluterguss

Tipp

Bei akuten, lebensbedrohlichen Notfällen wie zum Beispiel Atemnot nach Insektenstich im Rachen dürfen Sie niemals Zeit verlieren, sondern müssen sofort zum tierärztlichen Notdienst. Durch erfolglose Eigentherapie können Sie das Leben Ihres Hundes riskieren.

und auch bei Muskelbeschwerden und Ischiasproblemen.
Bei chronischen Gelenkveränderungen wie Arthrosen bei älteren Hunden, die mit Dauerschmerz einhergehen und eine Dauermedikation erfordern, hilft das Kombinationspräparat **Zeel.** Auch in diesem Präparat ist Arnica enthalten, außerdem Rhus

toxicodendron und 3 weitere Substanzen, die alle Schmerzen in Gelenken, Sehnen, Knochen und Muskeln bekämpfen.
Bei Grippe und grippalen Infekten und zur Steigerung der körperlichen Abwehr sind **Echinacin** und **Gripp-Heel** die Mittel der Wahl.
Echinacea, die Schmalblättrige Kegelblume, unterstützt bei fieberhaften Infektionen und steigert die körpereigene Abwehr.
Gripp-Heel enthält unter anderem Aconitum (Blauer Eisenhut) und Bryonia (Teufelsrübe). Beide Substanzen werden bei akutem Fieber, Entzündungen von Hals und Rachen, Lungenentzündung und Nervenschmerzen eingesetzt.
Für alte Hunde mit beginnenden Herzbeschwerden ist **Crataegus** (Weißdorn) das bekannteste Medikament. Crataegus unterstützt das Altersherz, hilft bei Bluthochdruck, der durch Arterienverkalkung entsteht, und unterstützt zusätzlich die Behandlung mit Herzmedikamenten wie Digitalispräparaten.
Da besonders im Frühjahr und Sommer Insektenstiche im Bereich der Pfoten und

des Fanges oder der Mundhöhle relativ häufig sind, sollte **Apis** (Honigbiene) in Ihrer homöopathischen Hausapotheke nicht fehlen. Sofort nach dem Insektenstich angewendet, verhindert Apis starke Schwellungen, Juckreiz und Schmerz. Dies ist besonders im Bereich der Mundhöhle wichtig, da dort keine Salben oder Gels angewendet werden können.
Die Haut älterer Hunde neigt zur Bildung von Warzen und Papillomen. Da diese Hautzubildungen oft sehr zahlreich sind und immer wieder an verschiedenen Stellen auftreten, kommt man oft mit der operativen Entfernung nicht mehr hinterher. **Thuja** (Lebensbaum) kann bei Warzen und auch anderen Hautknötchen sowohl äußerlich als auch innerlich angewendet werden, um die Selbstheilung der Haut anzuregen.
Nux vomica, die Brechnuss, die ich oben bereits erwähnte, und auch **Nux moschata,** die Muskatnuss, helfen bei Magen-Darm-Beschwerden und können vorsichtig mit Tee eingegeben werden. Zuletzt möchte ich noch **Cocculus** (Kockelskörner) erwähnen. Viele Hunde leiden beim Autofahren an Reisekrank-

heit, die mit Schwindelgefühl und Übelkeit einhergeht. Cocculus kann diese Symptome deutlich lindern und Ihrem Hund die Autofahrt erleichtern.
Bei akuten Krankheitssymptomen werden grundsätzlich niedere Potenzen der Medikamente angewandt. Hunde erhalten je nach Größe 2–3-mal täglich 1–2 Tabletten oder 5–10 Tropfen. In besonders akuten Ausnahmefällen können homöopathische Medikamente stündlich angewendet werden, jedoch nicht öfter als 12-mal am Tag. Streukügelchen, so genannte Globuli, werden wie Tropfen dosiert.

Bachblütentherapie bei Hunden

V o r r u n d 7 0 Jahren entwickelte der englische Arzt Dr. Edward Bach die Bachblütentherapie für erkrankte Menschen. Nach seiner Überzeugung erkrankt ein Mensch, wenn Körper, Psyche und Seele aus dem Gleichgewicht geraten.

Resümee

Homöopathische Medikamente unterstützen den Selbstheilungsprozess des Körpers und stärken dadurch die körpereigene Abwehr. Lassen Sie sich von einem erfahrenen homöopathisch arbeitenden Tierarzt, der Ihren Hund gut kennt, beraten, welche Präparate Sie in Ihrer Hausapotheke haben sollten und wann Sie zusätzlich andere Medikamente brauchen.

Der Gemütszustand des Patienten ist für Dr. Bach die wahre Ursache der Krankheit.

38 Blüten für das Wohlbefinden

Bach entdeckte in seiner Arbeit als Arzt 38 Blüten, die verschiedene Gemütszustände positiv beeinflussen können. Diese Blütenessenzen werden bis heute traditionell nach ihren englischen Namen bezeichnet. Durch die Behandlung mit den Essenzen aus diesen wild lebenden Pflanzen, die jede für sich einem Gemütszustand zugeordnet ist, wird die Harmonie zwischen Körper, Psyche und Seele positiv beeinflusst und so die Heilung selbst gefördert. Schwere körperliche und seelische Erkrankungen und organische Schäden kön-

Besonders kleine Welpen, die gerade von der Mutter getrennt wurden, können mit Bachblüten-essenzen die Trauer besser verkraften.

nen durch Bachblüten nicht geheilt werden, aber sie können andere Behandlungsmethoden unterstützen. Die Einnahme von Bachblütenessenzen hilft Gemütszustände, die in vielen Situationen auftreten, zu lindern oder zu beseitigen.

Tiere reagieren auf Bachblüten noch schneller als Menschen. Bei der Diagnose für Tiere geht man genauso vor wie beim Menschen. Durch genaues Beobachten versuchen Sie den seelischen Zustand Ihres Hundes zu ergründen, um die richtige

Blütenmischung für ihn zu finden. So kann zum Beispiel die Blüte Mimulus, die bei verschiedenen Formen von Angst empfohlen wird, Ihrem Hund helfen, wenn er vor Gewitter oder Feuerwerk Angst hat.

Die wohl bekannteste Bachblütenmischung sind die »Notfalltropfen«, Rescue Remedy. Dr. Bach hat diese Mischung aus 5 Blüten selbst hergestellt.

Sie enthält Star of Bethlehem, Rock Rose, Impatience, Cherry Plum und Clematis. Notfalltropfen werden in aku-

ten Situationen, die eine außergewöhnliche Belastung bedeuten – zum Beispiel Unfall, Schock, Schmerzen nach Operationen, Angstzustände –, oder allgemein zur Beruhigung eingesetzt. Sie können direkt auf die Zunge (Dosierung 2 Tropfen) oder mit etwas Wasser verdünnt (4 Tropfen) eingegeben werden. In der Tiermedizin stehen inzwischen auch Bachblütenmischungen als Globuli (Streukügelchen) zur Verfügung. Sie werden 2–3-mal am Tag mit dem Futter oder im Trinkwasser verabreicht.

Die richtigen Essenzen finden

Eine Mischung aus Blütenessenzen, die alle verschiedenen Aspekte von **Angst** bei Hunden beeinflussen kann, enthält Aspen, Cherry Plum, Rock Rose und Mimulus. Sie hilft bei Angst vor Menschen, Gegenständen, Lärm und allgemein bei Tieren, die dazu neigen, vor Angst die Kontrolle über sich zu verlieren und durchzudrehen. Die Blütenmischung hilft jedoch nicht alleine, sondern sollte immer mit verhaltenskorrigierenden Übungen kombiniert werden.

Bei **aggressiven und aufbrausenden** Hunden, die sich schnell aufregen, wird eine Mischung aus Holly, Beech, Impatience und Vine empfohlen. Diese Mischung dämpft Zerstörungswut, Gereiztheit, Drohgebärden und Dauerbellen. Die Blütenessenz Vine kann für sich allein bei dominanten Hunden, die ständig andere Hunde zu unterwerfen versuchen, eingesetzt werden. Auch hier können die Blütenessenzen nur in Kombination mit einem entsprechenden problembezogenen Einzeltraining mit einem erfahrenen Trainer wirken.

Zur **Förderung der Lernbereitschaft** werden bei vergesslichen Hunden mit Lernschwäche Wild Oat, Chestnut Bud, Centaury und Hornbeam eingesetzt.
Ihr Hund begreift schneller und arbeitet konzentrierter und zielorientierter in der Ausbildung. Dieselben Mittel unterstützen beispielsweise auch beim Erlernen der Stubenreinheit.

Bei Erschöpfung und Genesung nach langer Krankheit oder Stress wird die Mischung aus Olive, Oak, Elm und Gorse eingesetzt. Gleichzeitig muss Ihrem Hund natürlich viel Ruhe gegönnt und ein Futter, das körperlichen Aufbau unterstützt, in mehreren kleinen Mahlzeiten gefüttert werden. Auch psychische Erschöpfung durch Überforderung im Training sollte vermieden werden.

Bei **Trauer und Verlust,** wenn Bezugspersonen oder Tierpartner sterben, oder auch bei Trauer nach Umzug oder in einer Tierpension kann die Blütenmischung aus Larch, Honeysuckle und Mustard helfen, den Verlust zu verarbeiten. Eine intensive Zuwendung und viel Beschäftigung sind während dieser Zeit besonders wichtig.

Resümee

Bachblüten helfen die innere Balance zwischen Körper, Psyche und Seele wiederherzustellen und unterstützen so bei Heilung von Krankheiten und Verhaltensproblemen. Sie können ein problembezogenes Verhaltenstraining aber nicht ersetzen. Grundvoraussetzung für den richtigen Einsatz verschiedener Blüten ist ein genaues Beobachten Ihres Hundes und viel Einfühlungsvermögen in seine Gefühlswelt.

Die richtige Dosierung

Diese Blütenmischungen sind Vorschläge für die häufigsten seelischen Probleme, die bei Hunden auftauchen können. Mit entsprechenden Wegweisern zur passenden Blüte für Ihren Hund und seine Probleme können Sie selbst passende Mischungen herstellen: Geben Sie in eine 30-ml-Flasche von jeder Blütenessenz, die Sie ausgewählt haben, 3 Tropfen. Anschließend füllen Sie die Flasche zu 3 Viertel mit normalem Wasser und zu 1 Viertel mit Alkohol zum Konservieren. Diese Mischung ist ca. 3-4 Wochen haltbar. Die Standarddosierung beträgt 4-mal täglich 4 Tropfen. Sie verabreichen die Tropfen möglichst direkt auf die Zunge.

Die ersten Wochen mit einem Welpen

Gewöhnung an das eigene Halsband und die Leine

Nach spannenden Wochen, in denen Sie ungeduldig auf Ihren Welpen gewartet haben, sitzt das Fellbündel nun vor Ihnen. Der kleine Kerl ist noch völlig unsicher und hat schon mehrmals in die Wohnung gemacht. Doch Sie hoffen, dass beim nächsten Spaziergang alles besser wird. Nun will er aber nicht an der Leine spazieren gehen, sondern setzt sich wie ein störrischer Ziegenbock einfach hin. Er ist zu keinem Schritt zu bewegen. Haben Sie Geduld mit ihm! Der kleine Hund versteht die Welt nicht mehr. Früher konnte er frei und ungehindert mit seinen Geschwistern toben, und jetzt hat der Mensch ihm ein Band um den Hals gelegt, das ihn würgt, wenn er an der Leine zieht. Wenn der Mensch ihn zum Laufen bewegen will und seinerseits an der Leine zieht, wird er ebenfalls gewürgt. Kein Wunder, dass er nicht laufen will.

Gewöhnung durch Ablenkung

Das Halsband um den Hals des Welpen sollte zunächst nicht zum Anleinen sein, sondern nur zur Gewöhnung an ein Halsband an sich getragen werden. Besorgen Sie deshalb für den Anfang ein weiches und möglichst leichtes Band. Würgebänder oder schicke Halskettchen sind für Welpen völlig unbrauchbar. Legen Sie es Ihrem Welpen immer wieder locker um den Hals, bevor Sie hinausgehen oder bevor Sie mit ihm spielen. Das Halsband soll für ihn immer mit einer angenehmen Beschäftigung in Verbindung gebracht werden. Achten Sie beim Anlegen des Bandes aber darauf, dass es nicht so locker ist, dass Ihr Hund mit dem Unterkiefer oder Vorderbein darin hängen bleiben kann, wenn er versucht, das lästige Ding durch Kratzen oder Lecken wieder loszuwerden.

Im Garten können Sie Ihren Welpen frei laufen lassen und mit ihm spielen. Loben Sie ihn, wenn er das Halsband toleriert. Beschäftigen Sie ihn, indem Sie immer wieder ein Stück von ihm weglaufen und ihn dann zu sich rufen. Da er in der fremden Umgebung unsicher ist und die

Nähe seines Leittieres sucht, wird er hinter Ihnen herlaufen. Wenn er beschäftigt wird, stört ihn das Halsband nach einer Weile immer weniger. Er wird ab und zu noch daran kratzen, aber durch die vielen neuen Eindrücke ist er schnell wieder davon abgelenkt. Wenn Sie keinen Garten besitzen, üben Sie diese ersten Schritte mit ihm auf einer übersichtlichen Wiese fernab von Autostraßen. Sollten Sie Bedenken haben, ob Ihr Welpe bei Ihnen bleibt, hilft es, ihm zusätzlich zum Halsband ein leichtes Hundegeschirr anzulegen, an dem Sie eine stabile lange Schnur oder eine dünne Langleine befestigen. So kann Ihr Welpe auch weitgehend frei laufen, aber Sie können ihn notfalls festhalten, ohne ihn zu würgen.

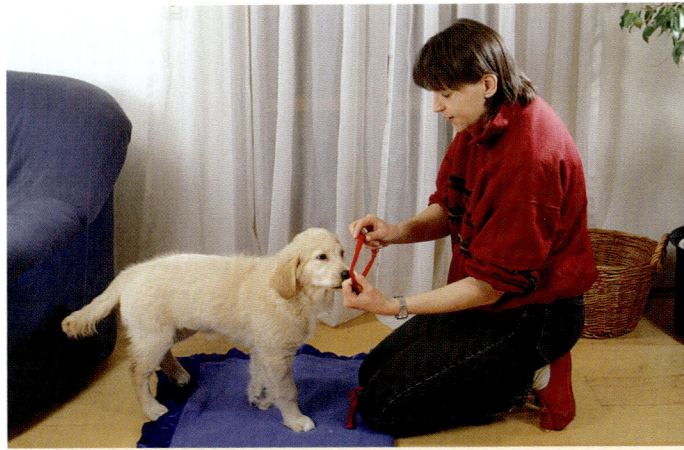

Das erste Halsband sollte möglichst weich sein. Wenn Sie es immer wieder anlegen, gewöhnt sich Ihr Welpe schnell daran.

Tipp

Diese Übungen sind nur mit einer Leine durchzuführen, deren Länge Sie fest einstellen können. Flexileinen sind zum Üben der Leinenführigkeit vollkommen ungeeignet, da der Hund über die Länge der Leine selbst bestimmt und nicht lernt, in der Nähe von Ihnen zu bleiben. Sie sind in Gefahrensituationen, in denen Sie Ihren Hund schnell festhalten müssen, wirklich gefährlich, da Sie die Leine nicht rechtzeitig verkürzen können. Leider werden Sie dennoch überaus häufig benutzt.

Die ersten Schritte an der Leine

In den ersten Wochen üben Sie mit Ihrem Welpen, dass er mit Ihnen mitläuft. Loben Sie ihn, wenn er zu Ihnen kommt, mit einem Leckerli und viel Streicheleinheiten, und er wird gerne in Ihrer Nähe bleiben. Während dieses spielerischen Trainings können Sie bereits erste Kommandos wie »Komm!« oder »Sitz!« üben. Zu Hause werden Halsband und Geschirr natürlich entfernt und Hals oder Brustkorb gebürstet und gekrault, denn die Haut juckt noch etwas unter den ungewohnten Bändern. Erst nachdem Ihr Welpe gelernt hat, bei Ihnen zu bleiben und mitzulaufen, ist es sinnvoll, ihn an die Leine zu gewöhnen. Obwohl er inzwischen sein Halsband toleriert, sollten Sie ihn zunächst an einem Brustgeschirr anleinen, denn er kann die Länge der Leine und damit seinen Bewegungsspielraum noch nicht abschätzen. Er wird zunächst ziehen und zerren und kreuz und quer vor Ihnen gehen. Durch das Geschirr können Sie ihn gut dirigieren und ihm zeigen, wie weit er vorausgehen kann, ohne ihn zu würgen. Versuchen Sie, ihn genauso wie oben beschrieben an der langen Leine immer wieder zu sich zu rufen, und loben Sie ihn besonders, wenn er neben Ihnen läuft.

Verkürzen Sie die Leine immer wieder ein bisschen, um den Hund zunehmend in Ihrer Nähe zu halten. Ihr Hund soll langsam lernen, mit der gestatteten Leinenlänge bei Ihnen zu laufen. Geht er zu weit voraus, rufen Sie ihn zu sich und lassen ihn »Sitz!« machen. Da er weiß, dass Sie ihn belohnen, ist er hochmotiviert, Ihrem Wunsch zu folgen. Sobald Ihr Welpe in Ihrer Nähe bleibt und die Leine meist locker durchhängt, können Sie die Leine auch am Halsband befestigen.

Nicht ziehen!

Bitte ziehen Sie Ihren Hund möglichst nicht an der Leine zu sich her, sondern rufen ihn zurück, wenn er zu ziehen beginnt. Nichts ist ärgerlicher als ein Hund, der ständig an der Leine zieht. Die Leine soll eine liebevolle, vertrauensstärkende Verbindung zu Ihrem Hund sein und ihn im Gefahrenfall schützen, aber niemals ein Dauerzugseil.

Shahin, ein kleiner Gordon Setter, war gerade 12 Wochen alt. Er kam mit Halsband, an dem eine kurze Leine befestigt war, in meine Praxis, das heißt, er zerrte keuchend seinen Besitzer

hinter sich her. Ich löste sofort die Leine und ließ den Hund frei in der Praxis laufen. Der Welpe, der eben noch wie verrückt an der Leine zog, war plötzlich die Ruhe selbst. Er schaute sich in den Räumen um, ließ sich streicheln und schien durch nichts zu beunruhigen zu sein. Da er erst ein paar Tage bei der neuen Familie lebte, war die Beziehung zwischen Bezugsperson und Hund noch überhaupt nicht gefestigt. Der Besitzer berichtete, dass jeder Spaziergang mit Halsband und Leine ein fürchterliches Tauziehen sei. Er hatte geglaubt, dass sich der kleine Hund in kurzer Zeit an die Leine gewöhnen würde. Das Gegenteil war der Fall. Der kleine Bursche wehrte sich gewaltig gegen die ungewohnten Fesseln und reagierte überhaupt nicht auf das Rucken an der Leine. Das Würgen ließ ihn nur noch mehr ziehen, um zu entkommen. Der Welpe musste zuerst lernen, auf Zuruf zu reagieren. Er kannte noch nicht einmal seinen Namen richtig. Frei laufend oder durch Sicherung mit Geschirr und Langleine sollte er erst einmal lernen, auf seinen Besitzer zu hören und in seiner

Tipp Die ersten Übungen mit Welpen dürfen nicht länger als 10 Minuten dauern, um den kleinen Kerl nicht zu überfordern. Danach darf er wieder frei laufen und mit Ihnen spielen. Er ist ja noch ein Kleinkind!

Nähe zu laufen. Erst dann kann die Leine langsam verkürzt werden. Auf keinen Fall darf er am Halsband angeleint werden, sonst wird sich das dauerhafte Ziehen fest bei ihm einprägen.
Nur durch schrittweisen Aufbau einer vertrauensvollen Beziehung zu dem kleinen Welpen und langsame Gewöhnung an die begrenzende Leine wird er lernen, vernünftig neben seinem Rudel-

 Resümee

Halsband und Leine gehören zu jedem Hundeleben. Sie kennzeichnen Ihren Hund durch Steuermarke und Adressenanhänger, sichern ihn in Gefahrsituationen und helfen ihm durch die Verbindung mit seinem Besitzer, in stressigen Situationen mit vielen Menschen oder Hunden zurechtzukommen. Unzuverlässige Hunde, die keinen Gehorsam gelernt haben, müssen leider immer an der Leine laufen. Verhindern Sie durch behutsame Einführung von Anfang an, dass Leine und Halsband zum gegenseitigen Tauziehen missbraucht werden.

führer zu laufen. Das ist zu Beginn ein weiter Weg. Der Besitzer hatte das vollkommen unterschätzt.

Nur in der Ausbildung erwachsener Hunde werden Halsband und Leine auch für Disziplinierungsmaßnahmen eingesetzt, beim Welpen ist das absolut verboten. Er soll zwar schon gewisse Regeln lernen, aber in erster Linie soll sich das Vertrauen zwischen Ihnen und Ihrem Hund entwickeln.

Spaziergänge mit Welpen

Wenn Sie geglaubt haben, Sie könnten mit Ihrem Welpen jetzt richtig schön spazieren gehen, sind Sie wahrscheinlich bitter enttäuscht. Ihr Hundebaby möchte zum einen noch nicht besonders weit laufen und

hat außerdem vor der neuen Umgebung Angst. Denken Sie immer daran, dass der Welpe bisher nur im Schutz seiner Mutter und mit seinen Geschwistern die Welt erkundet hat. Er konnte jedes Mal, wenn ihn etwas beunruhigte, zu seiner Mutter fliehen. Er hat mit einer fremden Umgebung noch keine großen Erfahrungen gemacht.

Aller Anfang ist schwer

Fangen Sie wieder ganz langsam an. Gehen Sie zunächst immer mit ihm in den Garten oder auf die gleiche Wiese, wo er erst einmal lernen muss, sein Geschäft zu machen. Da Sie anfangs alle 2 Stunden und nach jeder Mahlzeit mit ihm hinausmüssen, wird sich Ihr Welpe an Garten und Wiese bald gewöhnen. Er wird das Gelände immer mehr erkunden und seine anfängliche Unsicherheit überwinden.

Ein Welpe unter 3 Monaten ist schon nach einem Ausflug von maximal einer halben Stunde richtig müde. Bringen Sie ihn dann wieder an seinen gewohnten Platz, damit er sich ausruhen kann. Viele Welpen in meiner Praxis sind durch die Aufregung und

das Warten und die vielen fremden Eindrücke so geschafft, dass sie manchmal sogar auf dem Untersuchungstisch einschlafen. Viele unerfahrene Hundebesitzer sind vollkommen erstaunt, dass ihr kleiner Hund so viel schläft. Ich kann Sie beruhigen, denn das ändert sich schnell. Sobald sie älter als 4 Monate sind, werden sie wesentlich unternehmungslustiger.

Wenn die weite Welt lockt ...

Nachdem Ihr Hund nun Leine und Halsband kennt und gelernt hat, in Ihrer Nähe zu bleiben, können Sie mit ihm nach und nach die weitere Umgebung erkunden. Je älter Ihr Hund wird, desto mehr Kraft und Ausdauer wird er entwickeln. Lassen Sie Ihren Welpen bestimmen, wie weit er laufen möchte. Seine Knochen und Gelenke sind noch weich und instabil und sollten nicht überlastet werden. Das gilt auch für die Spielphasen, die Sie neben kleinen Erziehungsübungen in jeden Spaziergang einbauen sollten. Nehmen Sie ein Spieltau oder einen Ball mit und lassen Sie ihn das Spielzeug erbeuten oder versu-

Tipp

Ihre klaren Regeln und Ihre Überlegenheit zeigen dem Welpen, dass sein Rudelführer stark ist, und das gibt ihm selbst ein Gefühl von Vertrauen und Sicherheit. An einem schwachen Rudelführer kann man sich nicht orientieren.

chen Sie, ihm das Spielzeug abzujagen. Denken Sie aber auch dabei an die labilen Gelenke und Knochen und lassen Sie Ihren Welpen zwischendurch mit dem erbeuteten Spielzeug einfach nur laufen, um ihn nicht zu überfordern. Ein ängstlicher und unterwürfiger Welpe sollte bei diesen Spielen immer wieder gewinnen, um sein Selbstbewusstsein zu fördern. Für einen dominanten Welpen ist es wichtig, dass er immer wieder Ihre Überlegenheit spürt. Gehen Sie einfach weiter, wenn Sie das Spiel beenden wollen, und packen Sie das Spielzeug wieder ein. Widerstehen Sie dann möglichen weiteren Spielaufforderungen Ihres Welpen, auch wenn sie noch so niedlich sind, denn er muss akzeptieren, dass sein Rudelführer weitergehen möchte.

Dieser Welpe läuft schon ganz selbstbewusst mit seiner Besitzerin spazieren. Richtiges Bei-Fuß-Gehen lernt er erst viel später.

Wenn er während des Spaziergangs ermüdet, hinter Ihnen läuft oder sich häufig hinlegt, ist es Zeit umzukehren. Welpen bis zum Alter von 4 Monaten haben noch ein großes Ruhebedürfnis und sind nach den vielen Eindrücken richtig müde und meistens auch sehr hungrig. Jetzt ist Zeit zum Füttern und danach für einen ausgiebigen Verdauungsschlaf.

Mit ca. 6 Monaten können Sie die Spaziergänge dann bis zu 1 Stunde ausdehnen. Ihr Welpe ist jetzt ein pubertierender Junghund und versucht, Ihre Grenzen auszutesten. Die Trainingsphasen für verschiedene Kommandos werden immer mehr ausge-

dehnt, die Kommandos immer anspruchsvoller. Obwohl Ihr Hund noch sehr verspielt ist, kann er schon eine Viertelstunde konzentriert mitarbeiten. Je mehr Sie ihn loben, wenn er ein neues Kommando gelernt hat, desto eifriger wird er mitarbeiten. In diesem Alter sind Junghunde extrem lernbegie-

Resümee

Spaziergänge mit Welpen sind eigentlich noch keine richtigen Spaziergänge, sondern zunächst Erkundungen der neuen Umgebung und die ersten Schritte zur Stubenreinheit. Nach den ersten Wochen, in denen Sie sich intensiv mit Ihrem Welpen beschäftigt haben, ist sein Vertrauen so weit gewachsen, dass er Sie gerne auf neuen Streifzügen begleitet. Durch Spielen und kleine Übungen festigen Sie die Bindung an sein neues Rudel. Überfordern Sie ihn nicht, denn das kann zu seelischen und auch gesundheitlichen Problemen führen.

rig und lieben jede Beschäftigung. Danach spielen Sie wieder ausgiebig mit ihm und lassen ihn toben.

Sozial-kontakte mit anderen Hunden

A m   A n f a n g   dieses Buches habe ich bereits beschrieben, wie wichtig es ist, dass Welpen im Spiel mit anderen Hunden die Sprache ihrer Artgenossen erlernen.

In den ersten 8 Wochen ihres Lebens lernen die Welpen untereinander die ersten Schritte der Dominanz oder Unterwerfung. Aber die Gruppe kennt sich buchstäblich vom 1. Tag des Lebens, und die Mutter hat eine endlose Geduld ihren Welpen gegenüber. Nun ist der Welpe auf sich allein gestellt und muss lernen, mit Hunden aus anderen Rudeln zurechtzukommen. Bei den ersten Spaziergängen sind Sie vielleicht schon dem einen oder anderen Hund begegnet und waren unsicher, ob Sie Ihren kleinen Hund zu ihm lassen sollten. Ihre Unsicherheit ist vollkommen berechtigt. Nicht jeder erwachsene Hund ak-

zeptiert einen verspielten Welpen und reagiert manchmal sehr grob. Zwar sollte bei einem normal erzogenen Hund der Welpenschutz selbstverständlich sein, aber wenn der große Hund keinerlei Kontakt zu Welpen und kein richtiges Sozialverhalten gelernt hat, kann es durchaus auch zur Aggression einem Welpen gegenüber kommen. Ein Biss im Bereich des Brustkorbs oder ein versehentlicher Sprung auf die Rippen kann tödlich sein. Ihr Welpe ist noch sehr zart und vor allem unerfahren.

Im Hundekindergarten

Es ist deshalb ungeheuer wichtig, dass Ihr Welpe in ei-

Hier treffen sich Welpen und ein erwachsener Hund. Der Erwachsene fordert durch Schubsen mit der Pfote zum Spiel auf.

ner Welpenspielgruppe mit anderen Welpen spielen kann. Er sollte zwischen 12 und 16 Wochen alt und vollständig geimpft sein. Achten Sie darauf, dass die Gruppe nicht zu groß ist und die Größenunterschiede und das Alter nicht zu stark differieren. Ein Yorkshire hat gegen einen Schäferhund gleichen Alters keine Chance. Ein erfahrener Hundetrainer wird die Gruppen entsprechend zusammenstellen und darauf achten, dass nicht ständig der gleiche Hund unterworfen wird. Beim Spiel in einer Welpenspielgruppe können Sie ziemlich sicher sein, dass Ihrem Welpen außer ein paar kleinen Kratzern nichts passiert. Dafür lernt er in der Gruppe alle Körpersignale der Dominanz, der Beschwichtigung und der Unterwerfung und gewinnt im Spiel mit anderen zunehmend an Selbstbewusstsein. Besonders ängstliche und unterwürfige Hunde können davon profitieren, wenn man sie mit einem schwächeren Hund spielen lässt und sie so im Spiel dominieren können. Dominante Welpen müssen lernen, sich unterzuordnen, wenn ein größerer Welpe sie unterwirft. Das ist für die Verstän-

digung der Hunde untereinander enorm wichtig. Sie lernen miteinander umgehen, ohne panisch oder übertrieben aggressiv zu reagieren. Als Besitzer lernen Sie Ihren Hund besser kennen und auch einschätzen. Das hilft Ihnen bei der Erziehung.

Neben ausgelassenem Spiel werden in den Welpenspielgruppen auch Anleinen, Leinenführigkeit und die Grundkommandos »Halt!«, »Sitz!«, »Platz!« und »Bei Fuß!« spielerisch geübt. In der Gruppe ist Ihr Welpe natürlich viel mehr abgelenkt und muss sich wesentlich mehr auf Sie konzentrieren. Was zu Hause mit Ihnen allein gut funktionierte, ist plötzlich alles vergessen. Verzweifeln Sie nicht! Das ist am Anfang ganz normal. Ihr Hund wird sich mit zunehmendem Alter und konsequentem Training immer mehr auf Sie konzentrieren können und später die äußere Umgebung vollständig ignorieren.

Auch und gerade kleine Hunde sollten vernünftig kommunizieren lernen, da sie häufig Rauferein provozieren. Sie fühlen sich auf dem Arm des Besitzers allzu sicher.

Resümee

Nur durch Sozialkontakte lernt Ihr Welpe die Sprache der Hunde untereinander. So kann er bei Begegnungen mit Artgenossen Konflikten aus dem Weg gehen und entwickelt gleichzeitig ein vernünftiges Selbstbewusstsein. Wenn alle Hunde diese Kommunikation von Anfang an gelernt hätten, gäbe es wesentlich weniger Probleme mit aggressiven Auseinandersetzungen.

Spiele zum Wohlfühlen

Ihr kleiner Welpe hat durch den Umzug zu Ihnen nicht nur seine gewohnte Umgebung verloren, sondern er muss den Verlust seiner Geschwister und vor allem seiner Mutter verkraften. In den ersten Wochen bei Ihnen gilt es, sein Vertrauen in die neuen Bezugspersonen aufzubauen und zu festigen. Sie müssen dabei die Aufgaben der Mutter und der Geschwister übernehmen. Liebevolle Fürsorge ist dabei oberstes Gebot, und Sie sollten sich viel Zeit für Ihren neuen Gefährten nehmen.

Lassen Sie ihm Zeit, die neuen Mitglieder seines Rudels und die neue Umgebung kennen zu lernen, und respektieren Sie sein Ruhebedürfnis. Er ist ja noch ein Baby.

Durch regelmäßiges Bürsten, Streicheln und Massieren, die früheren Aufgaben seiner Mutter, fördern Sie die Bindung an Sie und stärken sein Vertrauen.

Spielend lernen

Im Spiel lernen Sie sich zu verständigen. Sie können ihn ermutigen oder auch seinen Übermut bremsen. Erinnern Sie sich, wie Ihr Welpe mit seinen Geschwistern gespielt hat: Sie schleichen sich an, jagen sich und balgen miteinander. Mal wird am Schwanz, mal an den Ohren des anderen gezogen.

Mit einem Spielseil mit Knoten oder einem mehrfach verknoteten Handtuch können Sie diese Raufspiele und Zerrspiele wunderbar nachspielen. Nehmen Sie bitte keinen alten Schuh, auch wenn Ihr Welpe besonders gerne damit spielen will. Er soll ja lernen, dass er Ihre Schuhe nicht zerbeißen darf. Lassen Sie ihn auch lieber sein Spielzeug jagen und fangen als Ihre Hände oder Beine. Das ist auf Dauer schmerzhaft und beschädigt Ihre Kleidung und kann Ihrem Hund schwer wieder abgewöhnt werden.

Wecken Sie zunächst das Interesse Ihres Welpen an dem Spielzeug, indem Sie es ihm immer wieder zeigen. Wenn er das Spielzeug erbeuten will, werfen Sie es ein kurzes Stück weg und jagen gemeinsam mit ihm hinterher, um es zu fangen. Lassen Sie ihn die Jagd gewinnen und versuchen Sie, ihm dann seine Beute wieder abzujagen. Wenn Sie Seil oder Handtuch greifen können, gibt es ein wildes Tauziehen um die Beute. Natürlich sind Sie stärker als Ihr Welpe, aber er soll trotzdem gewinnen. Sie stärken damit sein Selbstvertrauen.

Sobald Sie das Jagen, Fangen und Tauziehen abbrechen wollen, lassen Sie das Seil los, entfernen sich ein Stück von Ihrem Welpen, gehen dann ein wenig in die Hocke und rufen ihn zu sich. Er wird mit oder ohne Spielzeug zu Ihnen laufen und sich über Ihr Lob riesig freuen. So lernt er schon ganz früh, auf Zuruf zu Ihnen zu kommen.

Vergessen Sie beim Toben mit Ihrem Welpen nicht seine zar-

Kinder und Hunde sind die besten Freunde. Nichts macht mehr Spaß, als im Gras um den erbeuteten Ball zu raufen.

Der kleine Beaglewelpe zieht aus Leibeskräften an seiner Beute, dem Spielseil. Er denkt gar nicht daran, das Seil loszulassen.

deutlichem Eigengeruch zu dem Spielzeug legen. Nachdem Ihr Welpe das Wort »Seil« oder »Ball« verstanden hat, spielen Sie zunächst mit seinem Spielzeug und lassen ihn mehrmals Ball oder Seil fangen. In einem unachtsamen Augenblick verstecken Sie das Spielzeug in seiner Nähe. Lassen Sie ihn nun sein Spielzeug suchen. Durch den Geruch des Leckerlis wird er in die richtige Richtung gelockt und das Spielzeug schnell finden.

ten Gelenke und Sehnen. Zu wildes Bremsen und Schubsen oder abrupte Drehungen belasten Sehnen und Gelenke extrem, vor allem wenn zu viel Kraft angewendet wird. Zerrungen oder sogar Knochenbrüche an den weichen Wachstumsfugen der Röhrenknochen sind nicht selten. Achten Sie deshalb auch auf ebenes Gelände, wenn Sie mit Ihrem Welpen spielen.

Versteckspiele

Etwas ruhiger geht es bei den Versteckspielen zu. Nachdem Ihr Welpe sich etwas ausgetobt hat, wird er von einer zweiten Person abgelenkt. Sie verstecken sich möglichst unauffällig hinter einem

Busch oder einer Hausecke in der Nähe des Welpen. Rufen Sie ihn ein paar Mal und verhalten Sie sich dann ruhig. Er wird verdutzt sein, dass er Sie nicht mehr sieht, und beginnt Sie zu suchen. Anfangs helfen Sie ihm, wenn er in die falsche Richtung läuft, und rufen ihn nochmals. Hat er Sie dann gefunden, ist die Begrüßung überschwänglich und Sie loben Ihren Welpen über die Maßen. Er wird richtig stolz sein, dass er Sie gefunden hat.

Beim nächsten Mal weiß er, worauf es ankommt, und wird Sie viel schneller finden. Das Verstecken von Spielzeug wird für Welpen vereinfacht, indem Sie ein Leckerli mit

2- und 4-beinige Kinder

Kinder und Welpen sind ein ideales Gespann. Sie verstehen einander immer besonders gut, weil sie beide

 Resümee

Spiele stärken die Bindung Ihres Welpen an sein neues Rudel und fördern durch kleine Erfolgserlebnisse sein Selbstvertrauen. Aus der anfänglichen Unsicherheit entwickelt sich eine stabile, vertrauensvolle Beziehung zwischen Ihnen und Ihrem Hund. Durch viel Beschäftigung vermeiden Sie, dass sich Unarten wie Dauerbellen, Türenkratzen und Streunen entwickeln, und er lernt spielerisch die ersten Kommandos wie »Komm!«, »Sitz!« oder »Such!«.

Wie kriegt man den lästigen kleinen Kerl nun wieder los, der da an der Hose zerrt? Sein Lieblingsspielzeug wäre eine gute Lösung.

Erziehung zur Sauberkeit

Sie brauchen einen ruhigen Platz im Garten oder auf einer Wiese in Ihrer Nähe, wohin Sie Ihren Welpen zum Pieseln oder Kotabsetzen führen. Es sollte am Anfang immer der gleiche Platz sein, da Ihr Welpe nach kurzer Zeit versteht, was er dort tun soll. Ein kleiner Welpe muss ca. alle 2 Stunden nach draußen, denn seine Blase hat noch kein großes Fassungsvermögen. Das heißt gleich frühmorgens nach dem Aufstehen, etwa eine Viertelstunde nach jeder Mahlzeit, nach jedem Ausruhen und abends vor dem Schlafen. Im Alter zwischen 2-6 Monaten wird er 3-4-mal am Tag gefüttert, aber abends möglichst nicht mehr nach 18.00 Uhr, da er sonst über Nacht nicht durchhält. Lassen Sie ihn anfangs neben Ihrem Bett in einer Kiste mit höherem Rand oder in einer geschlossenen Hundebox schlafen. Da er sein eigenes Bett nicht verschmutzen will, wird er sich bemerkbar machen, wenn er rausmuss.

Das Allerwichtigste ist natürlich ein großes Lob, wenn Ihr Welpe sein Geschäft draußen erledigt, und ein deutlicher

endlos spielen wollen. Egal, ob sie einander fangen oder jagen, am Boden raufen oder mit Bällen spielen – es macht beiden riesig Spaß.

Wenn Kinder aus unserer Straße zu uns in den Garten kamen, brachte meine Hündin als kleiner Hund sofort ihren Ball, damit sie ihn werfen sollten. Manchmal brachten die Kinder auch einen alten Fußball mit und ließen sie beim Kicken mitspielen. Sie war mit Feuereifer mittendrin. Die Kinder waren für sie ein Rudel, in dem sie sich richtig wohlfühlte. Ich musste nur manchmal eingreifen, wenn das Spiel für den kleinen Hund zu wild wurde.

Erste Regeln lernen

Selbst wenn Sie keinen großen Wert auf einen gut erzogenen Hund legen, gibt es eine Grundregel, die sicher auch Ihnen wichtig ist: die Stubenreinheit.

Wer möchte schon am Morgen Hundehäufchen und Pfützen in der Wohnung entfernen oder versehentlich hineintreten? Ihr Welpe weiß nicht, warum er sein Geschäft draußen erledigen soll. Das müssen Sie ihm mit Geduld und Konsequenz beibringen.

Tadel, wenn er es in der Wohnung macht. Verhalten Sie sich klar und eindeutig, auch wenn Ihr Welpe Sie noch so goldig anschaut. Selbst wenn Sie selbst daran schuld sind, dass er in die Wohnung gemacht hat, weil Sie ihn nicht rechtzeitig hinausgeführt haben, müssen Sie ihm deutlich Ihr Missfallen zeigen. Dabei sollten Sie nicht die Nase in die Pfütze hineintunken, wie das leider immer noch oft empfohlen wird. Ein energisches »Pfui!«, wenn Sie ihm seine Hinterlassenschaften zeigen, ist deutlich genug. Nur so lernt er zu verstehen, dass das Geschäft in der Wohnung nicht in Ordnung ist, während es draußen ganz toll ist.

Klare einfache und verständliche Regeln sind bei der Erziehung des Welpen notwendig. Sie müssen alle 2 Stunden mit ihm hinausgehen, egal, wie unbequem es ist. Ich verspreche Ihnen, dass Sie nach kurzer Zeit schon den Erfolg Ihrer Konsequenz spüren werden, außerdem hält Ihr Welpe mit zunehmendem Alter immer länger durch. Eine klare Regelmäßigkeit bei den Fütterungszeiten und beim Hinausgehen ist aber immer notwendig.

Nicht zum Anbeißen!

Eine weitere wichtige Grundregel im Leben eines Welpen ist, dass er nicht überall herumbeißen darf. Er soll möglichst nur an seinem Spielzeug oder an entsprechenden Kaustangen nagen. Es geht dabei nicht nur darum, dass er etwas kaputt macht, sondern es kann lebensgefährlich sein. Abgeschluckte Köpfe, Glasaugen von Kuscheltieren oder längere Wollfäden von Socken oder Pullovern können lebensgefährliche Schäden im Magen oder Darm verursachen. Das Gleiche gilt für Steine, kleine Bälle oder Sektkorken. Wir haben schon einige dieser Fremdkörper operativ entfernen müssen. Achten Sie deshalb zunächst bei Kauf des Spielzeugs darauf, dass es keine derartigen Schäden verursachen kann. Ihr Welpe will natürlich die Dinge haben, die Sie benutzen. Ihre Socken oder Ihre Schuhe sind besonders interessant. Deshalb nutzt es auch nichts, wenn Sie ihm sein Spielseil, seinen Ball oder eine Kaustange einfach nur geben. Sie müssen schon mit ihm mit seinen Spielsachen spielen und sein Interesse dafür wecken. Klauen Sie ihm ruhig seine Beute

Tipp Machen Sie bitte nicht den Fehler, den viele Hundebesitzer von kleinen Hunden machen, und lassen Ihren Welpen auf einer Zeitung oder auf dem Balkon sein Geschäft erledigen. Er wird dann niemals lernen, dass er sich melden soll, wenn er hinausmuss, da er ja auch in der Wohnung sein Geschäft erledigen darf. Sie bringen ihn damit nur völlig durcheinander.

und laufen mit ihr ins andere Zimmer oder verstecken sie. Nehmen Sie ihm seine Kaustange weg, wenn er daran kauen will, und tun Sie so, als würden Sie selbst daran herumbeißen. Er wird das nächste Mal gut darauf aufpassen, damit ihm das nicht

Amiga muss ganz brav sitzen bleiben, bevor sie ihr Spielzeug holen darf.

noch einmal passiert. Sobald er versucht, an einem ungeeigneten Gegenstand zu nagen, nehmen Sie ihm diesen mit einem deutlichen »Aus!« weg und spielen eine Weile mit ihm mit seinen Sachen. Meistens möchte er nur etwas beschäftigt werden, weil ihm langweilig ist.

Was aber, wenn Sie kurz weggehen müssen, um etwas zu besorgen? Ihr Welpe muss lernen, auch mal kurz alleine zu bleiben. Wenn er zufrieden auf seinem Platz liegt und döst oder an einer Kaustange nagt, verlassen Sie kurz die Wohnung, ohne viel Aufhebens darum zu machen. Wenn Sie nach 5 Minuten wieder zurückkommen und Ihr Welpe Sie begrüßt, streicheln Sie ihn kurz und gehen dann weiter Ihrer Arbeit nach. Gehen Sie immer wieder aus der Wohnung, bis Ihr Welpe versteht, dass Sie nach kurzer Zeit zurück sind. Bei längerer Abwesenheit versuchen Sie Ihre Termine so einzuteilen, dass Sie ausgiebig mit Ihrem Welpen spielen und spazieren gehen, bevor Sie das Haus verlassen. Ihr Welpe soll richtig müde und hungrig sein. Nach der Fütterung bringen Sie ihn noch einmal kurz hinaus, damit er sein Geschäft machen kann. Räumen Sie Zeitungskorb, Schuhe und Kleidungsstücke auf und geben Sie ihm noch ein Leckerli. Nun können Sie ihn für kurze Zeit alleine lassen, denn er hat inzwischen gelernt, dass es nichts Besonderes ist, wenn Sie mal die Wohnung verlassen.

Keine umwerfende Begrüßung

Jeder findet einen kleinen Hund besonders süß und hat meistens auch nichts dagegen, wenn er begeistert an allen Leuten hochspringt. Aber Ihr Hund wird größer und ist manchmal nach dem Spaziergang furchtbar schmutzig. Finden Sie es dann immer noch so süß, wenn er hochspringt? Versuchen Sie von Anfang an, Ihren Welpen erst zu begrüßen, wenn er sich hingesetzt hat. Ich weiß, das ist schwer, denn er ist total übermütig und möchte Sie von oben bis unten ablecken.

Erinnern Sie sich an die Hundemutter. Wenn sie den begeisterten Ansturm ihrer Kinder lästig findet, wendet sie sich ab oder bringt ihre Kinder durch Über-den-Fanggreifen zur Raison. Machen Sie es genauso. Bremsen Sie Ihren heranstürmenden Welpen mit dem Kommando »Sitz!« oder, wenn er das noch nicht kennt, durch sanftes, aber deutliches Herunterdrücken seines Hinterteils,

»Sitz und Bleib« ist für den kleinen Hund sehr schwierig, denn er möchte zu gern zu seiner Besitzerin laufen.

bis er sitzt. Danach streicheln und loben Sie ihn ausgiebig, halten ihn dabei aber in der sitzenden Position. Wenn er dennoch versucht, Sie anzuspringen, wenden Sie sich mit einem energischen »Nein!« ab. Erklären Sie allen Freunden und der ganzen Familie, dass Sie den Welpen ebenfalls so begrüßen. Dann hat er in kurzer Zeit gelernt, dass Anspringen nicht erlaubt ist.

»Komm!« und »Sitz!«

Die ersten Kommandos, die Ihr Hund bei Ihnen lernt, sind »Komm!« und »Sitz!« Da Ihr Welpe in den ersten Wochen bei Ihnen immer die Nähe zu seiner Bezugsperson sucht, ist es nicht schwer, ihn zum Herkommen zu bewegen. Sie brauchen sich, egal, ob in der Wohnung oder draußen, nur von ihm entfernen und ihn dann aufmunternd rufen. Wenn er auf dem Weg zu Ihnen ist, sagen Sie deutlich den Befehl »Komm!« und loben und streicheln ihn, wenn er bei Ihnen angekommen ist.

Üben Sie dieses Kommando immer wieder. Locken Sie ihn mit dem Klappern der Futterschüssel zu sich her, wenn er gefüttert wird, oder mit einem Spielzeug, wenn Sie Zeit zum Spielen haben.

»Komm!« bedeutet für Ihren Welpen damit immer etwas Angenehmes. Lob und Streicheleinheiten motivieren ihn zusätzlich, gerne zu Ihnen zu kommen. Wenn Sie das Kommen auf Zuruf von Beginn an häufig üben, wird Ihr Hund gerne gehorchen, da ihm die Nähe zu seiner Bezugsperson Sicherheit und Vertrauen gibt. Verspielen Sie dieses Vertrauen nicht, wenn Ihr Hund etwas angestellt hat, indem Sie ihn schimpfen oder bestrafen, nachdem er gekommen ist.

Das Kommando »Sitz!« ist in allen Lebenslagen mit Ihrem Welpen hilfreich.

Deshalb üben Sie es von Anfang an. Viele Welpen setzen sich freiwillig hin, wenn sie ein Leckerli bekommen. Nützen Sie diese Bereitschaft und üben Sie mit Ihrem Welpen dieses Wort bei allen Gelegenheiten. Lassen Sie ihn hinsetzen, bevor Sie ihm sein Futter geben, und legen Sie Leine und Halsband nur im Sitzen an, bevor Sie hinausgehen. Verhindern Sie frühzeitig Ziehen an der Leine, indem Sie Ihren Hund zu sich rufen und hinsetzen lassen. Begrüßen Sie ihn im-

mer erst nachdem er sich hingesetzt hat, und öffnen Sie auch die Haustür für Besucher erst, wenn Ihr Welpe sitzt.

Das ist zugegebenermaßen schwierig, kann aber gut mit angelegter Leine geübt werden. Sie stellen sich dabei auf die Leine, nachdem er sich hingesetzt hat, und verhindern so, dass er zur Tür stürmt.

Alle weiteren Erziehungsregeln werden in Welpenspielstunden und später dann in der Hundeschule geübt. So legen Sie aber schon von Anfang an die Grundlagen für ein harmonisches Zusammenleben. Ihr Welpe braucht genauso wie ein Menschenkind klare Regeln und Strukturen.

Resümee

Ein kleiner Welpe, der noch vollkommen auf seine Bezugsperson fixiert ist, lernt unglaublich schnell die ersten Regeln des Zusammenlebens in seinem neuen Rudel. Nutzen Sie diese Zeit, auch wenn Ihnen Ihr Welpe noch sehr kindlich und verspielt erscheint. Wenn Sie ihn nicht überfordern und er spielerisch kleine Lektionen lernt, wird er auch später gerne mit Ihnen in der Hundeschule schwierigere Übungen angehen.

Angemessener Umgang mit Hundesenioren

Altersbedingte Schwächen respektieren

Mit 8-10 Jahren gehört Ihr Hund schon zu den Senioren. Wenn Sie ihn gut beobachten, wird Ihnen auffallen, dass er wesentlich mehr schläft als früher. Auch die Ausdauer bei Spaziergängen und die Bereitschaft zu spielen lassen immer mehr nach. Wenn Ihr Hund nicht lahmt oder bei der ersten Anstrengung stark schnauft, wird Ihnen das anfangs gar nicht so auffallen. Am deutlichsten bemerken Sie Altersveränderungen, wenn Sie einem jungen Hund begegnen, der lebhaft mit Ihrem Senior spielen möchte.

Die meisten altersbedingten Schwächen lassen sich nicht ändern. Wir müssen lernen, sie zu akzeptieren und die Belastung unseres Hundes seinem Alter anzupassen. Aus ersten Schwächen können sich sonst stärkere Schäden entwickeln, die dann dauerhaft behandelt werden müssen.

Liebevolle Kontrolle von Augen und Zähnen

Schauen Sie Ihren Hund bei der täglichen Pflege noch genauer an als früher. Erste Veränderungen können Sie an den Augen beobachten. Der Bereich hinter der Iris, die so genannte Linse, wird zunehmend trüb. Man spricht von der altersbedingten Linsentrübung, dem grauen Star. Sie können das am besten in der Dämmerung sehen, wenn die Pupille geweitet ist. Ihr Hund schaut durch eine Art Milchglas und kann deshalb bei schlechten Sichtverhältnissen vieles nicht mehr genau erkennen. Da Hunde sich viel stärker mit der Nase orientieren, ist das für ihn keine große Einschränkung. Erst wenn die Linse vollkommen eingetrübt ist und bläulich weiß schimmert, kann Ihr Hund nichts mehr sehen. Er findet sich in seiner gewohnten Umgebung aber meistens trotzdem gut zurecht. Grauer Star kann heute auch bei Hunden operativ behandelt werden.

Viele ältere Hunde haben starken Mundgeruch. Das ist besonders unangenehm, wenn sie hecheln. Seien Sie ehrlich, wann haben Sie das letzte Mal die Zähne Ihres Hundes kontrolliert? Es geht unseren Hunden genau wie den Menschen.

Die Zähne werden locker, weil Zahnfleisch und Kieferknochen im Alter schwinden. Dadurch können Bakterien, die die Zahnwurzel zersetzen, in den Zahnwurzelbereich vordringen. Diese Zersetzung und häufig starker Zahnstein verursachen unangenehmen Mundgeruch. Der Verlust der Zähne ist kein so großes Problem, da Sie Ihren alten Hund ohnehin mit weichem Nassfutter ernähren sollten. Lockere Zähne behindern Ihren Hund aber beim Fressen und müssen gezogen werden.

Die Besiedlung der Mundhöhle mit aggressiven Bakterien ist für Sie und Ihren Hund eine gesundheitliche Belastung und muss deshalb unbedingt behandelt werden. Unbehandelte bakterielle Infektionen in der Mundhöhle können zu Schädigungen der Nieren oder des Herzmuskels führen und belasten dann den gesamten Organismus. Es ist deshalb immer zu empfehlen, Zahnstein und kranke Zähne zu entfernen, auch wenn Ihr Hund dazu eine Vollnarkose braucht. Ihr Tierarzt wird besonders schonende Narkosemedikamente für alte Hunde einsetzen.

Haut, Haare und Gelenke

Die Haut verändert sich im Alter ebenfalls und muss gut gepflegt werden. Es entwickeln sich häufig kleine Knötchen, die ab und zu beim Kämmen oder Scheren verletzt werden. Dies können harmlose Warzen sein, aber auch aggressive Hauttumoren, die schnell wachsen. Lassen Sie die Knötchen am besten entfernen und pathologisch untersuchen. Dann wissen Sie Bescheid, ob sie gutartig oder bösartig sind, und können entsprechend behandeln lassen.

Auch Schuppen und Haarausfall werden häufig stärker. Achten Sie deshalb bei Ihrem Seniorenfutter auf den Zusatz von Omegafettsäuren. Diese Fettsäuren ernähren die Haut, reduzieren Entzündungen und unterstützen den Fellwechsel.

Viele Hundebesitzer bemerken, dass sich die Krallen ihres Hundes verändern.

Sie müssen plötzlich gekürzt werden, weil sie nicht mehr abgelaufen werden.

Auch Hunde bekommen im Alter Senkfüße wie wir Menschen. Dadurch wird die Pfote flacher aufgesetzt, und die Krallen berühren den Boden nicht mehr bei jedem Schritt. Sie wachsen deshalb deutlich länger. Durch regelmäßiges Kürzen verhindern Sie Krallenverletzungen, da die langen Krallen leicht hängen bleiben oder abbrechen. Andere Hunde bekommen im Gegensatz dazu an den

Dieser Hundesenior möchte nicht mehr Ball spielen. Er liegt lieber auf seiner Decke.

Tipp

Hunde jammern erst, wenn Schmerzen unerträglich werden. Sie ziehen sich meistens zurück, wenn sie sich unwohl fühlen.

Hinterpfoten extrem kurze Krallen, weil sie mit den Pfoten beim Laufen über den Boden schleifen und sie so abwetzen. Die Ursache sind häufig massive Hüft- oder Wirbelsäulenprobleme. Alte Gelenke und Sehnen funktionieren nicht mehr so gut wie junge. Sie werden im Laufe der Jahre durch Belastung oder erbliche Schwächen zunehmend abgenutzt und verlieren ihre Elastizität. Diese Schwäche ist deutlich unmittelbar nach dem Aufstehen Ihres Hundes zu erkennen. Wenn er besonders steif geht oder gar lahmt, ist das ein Zeichen, dass der Rücken oder die Gliedmaßen schmerzen. Meist verliert sich die Lahmheit nach einigen Schritten, und Sie bemerken nur noch, dass Ihr Hund nicht mehr so weit laufen will. Auch wenn Ihr Hund plötzlich nicht mehr auf seinen geliebten Sessel springt oder vor jeder Treppenstufe stehen bleibt, ist das ein deutlicher Hinweis, dass er Schmerzen hat.

Lange Strecken können alte Hunde nicht mehr laufen, aber sie freuen sich, wenn sie uns wie früher ein Stück begleiten können.

Sehnen und Gelenke schonen

Gehen Sie lieber öfter, aber dafür kürzer spazieren. Vermeiden Sie starke Böschun-gen, Sprünge oder abruptes Bremsen, da hierbei Gelenke und Sehnen extrem belastet werden. Bewegung ist absolut notwendig, um den beginnenden Muskelabbau zu stoppen, aber Sie dürfen die Gelenke nicht zu stark beanspruchen. Versuchen Sie, die Muskulatur wie bei einem Sportler zu Beginn des Spaziergangs zu lockern und aufzuwärmen, bevor Sie Ihren Hund von der Leine lassen. Das schützt vor Zerrungen und Verletzungen.
Achten Sie streng darauf, jedes übermäßige Kilo Übergewicht zu vermeiden. Zu viel Gewicht belastet Gelenke und Sehnen und verursacht Schmerzen. Es hat mit Tierliebe nichts zu tun, wenn Sie Ihrem alten Hund besonders viele Leckerlis geben.

Auf Herz und Nieren

Auch altersbedingte Erkrankungen von Herz und Kreislauf können Sie nur durch genaues Beobachten Ihres Hundes erkennen. Zu Beginn von Herzveränderungen werden Sie kaum Beschwerden feststellen. Ihr Hund ist nur im Sommer bei höheren Temperaturen häufiger schlapp und erholt sich nach Anstrengung deutlich langsamer. Das heißt, er legt sich während des Spiels öfter hin und hechelt auffällig lang.

Amiga liebt auch als alte Hundedame das Spiel im Wasser. Sie lauert wie früher auf den Stock.

Resümee

Bei alten Hunden sollten Sie alle noch so kleinen Veränderungen aufmerksam beobachten. Wenn diese Veränderungen nicht innerhalb maximal 1 Woche verschwinden oder sich gar verschlechtern, müssen Sie unbedingt einen Tierarzt aufsuchen, um die Ursachen der Veränderung herauszufinden. Ein genauer Vorbericht durch Ihre Beobachtungen hilft bei der Diagnosestellung sehr. Nehmen Sie altersbedingte Veränderungen ernst, denn eine frühe Behandlung kann Ihrem Hund unter Umständen das Leben retten oder zumindest sein Wohlbefinden deutlich verbessern.

Diese Symptome werden oft der Hitze zugeschrieben. Bei stärkerer Erschöpfung jedoch können Sie neben den Atembewegungen des Brustkorbs zusätzlich starke Atembewegungen am Bauch erkennen. Die Zunge hängt weit heraus und ist bläulichrosa. Dies sind erste Anzeichen von Atemnot und müssen immer ernst genommen werden. Die Krankheitssymptome sind jedoch meistens nicht so deutlich zu erkennen. Vielen Hundebesitzern fällt bei Ihrem Hund lediglich ein häufiges Hüsteln auf. Wenn diese Beschwerden im Winter auftreten, denken die meisten Besitzer an eine Erkältung. Der Herzhusten tritt aber im Gegensatz zum Husten bei Erkältung vorwiegend nach Ruhe- und Schlafphasen auf. Da sich in Ruhephasen Herz und Kreislauf verlangsamen, kommt es zu Stauungen des Blutes in der Lunge. Dadurch tritt Flüssigkeit aus den Gefäßen in das umgebende Lungengewebe aus. Durch Abhusten versucht der Körper die Lunge von dieser Flüssigkeit zu befreien.

Bei deutlicher Konditionsschwäche, stärkerer Erschöpfung oder auffälligem Husten müssen Sie bei einem älteren Hund an eine Herz-Kreislauf-Erkrankung denken und sollten immer Ihren Tierarzt aufsuchen. Wenn eine Herzschwäche rechtzeitig behandelt wird, können Sie eine rasante Verschlechterung verhindern und fördern das Wohlbefinden Ihres Hundes. Besonders wichtig bei Herzerkrankungen ist eine Fütterung von mehreren kleinen Mahlzeiten, um das Herz durch den gefüllten Magen nicht zu belasten. Achten Sie bitte auch hier auf normales Körpergewicht und ergänzen

Sie das Futter mit salzlos ge-kochtem Reis, der eine ent-wässernde Wirkung hat. Besondere Aufmerksamkeit müssen Sie der Wasserauf-nahme und auch dem Harn-absatz Ihres alten Hundes widmen. Erhöhter Durst und vermehrter Harnabsatz sind häufig ein Anzeichen von Er-krankungen der Nieren, bei Hündinnen Erkrankungen der Gebärmutter oder von Stoff-wechselerkrankungen wie zum Beispiel Zuckerkrankheit. Der Appetit ist manchmal re-duziert. Lassen Sie sich je-doch nicht in die Irre führen – ein Hund, der trockenes Fut-ter oder viele trockene Le-ckerlis gefressen hat, muss natürlicherweise viel trinken. Um sich bei Ihren Beobach-tungen nicht zu täuschen, füttern Sie Ihren Hund meh-rere Tage gleichmäßig mit Nassfutter auf 3 Mahlzeiten verteilt und vermeiden Sie jedes Trockenfutter. Trinkt er dann auch noch sehr viel Wasser, müssen Sie ihn un-bedingt untersuchen lassen. Durch eine Blut- und Urin-untersuchung kann man ei-nige der oben genannten Erkrankungen ausschließen und dann mit speziellen Untersuchungen die Ursache finden.

Unter-stützende Nahrungs-ergänzung

B e t a g t e Hunde können häufig die einzelnen Nah-rungsbestandteile im Futter nicht mehr richtig verdauen und im Körper aufnehmen. Aus diesem Grund sind spe-zielle Nahrungsergänzungs-mittel sinnvoll, damit auch ihr alter Hund sich noch rich-tig wohlfühlt.
Neben schmackhaften Vita-minpasten, die bei unzurei-chender Futteraufnahme den Vitaminbedarf decken, gibt es spezielle Pasten für alte Tiere. Sie enthalten neben den ungesättigten Omega-fettsäuren die Spurenele-mente Zink und Selen und die lebensnotwendigen Ami-nosäuren Taurin und L-Carni-tin. Die Omegafettsäuren können die Heilung entzünd-licher und degenerativer Er-krankungen positiv beeinflus-sen. Sie unterstützen auch die Funktion der Haut und den Fellwechsel. Die Spuren-elemente Zink und Selen er-höhen den Schutz vor Zell-

schädigung durch giftige Stoffwechselprodukte. Taurin und L-Carnitin, 2 lebensnot-wendige Aminosäuren, unterstützen die Funktion des Herzmuskels und der Skelettmuskulatur.

Gegen Gelenk-schmerzen
Für Hunde, die im Alter zu-nehmend Probleme mit der Wirbelsäule und den Gelen-ken haben, sind Ergänzungs-futtermittel, die den Knor-pelstoffwechsel positiv beeinflussen, sinnvoll. Diese Futtermittel enthalten den Knorpelbaustein Chondroitin-sulfat aus Weich- und Krebs-tieren. Chondroitinsulfat hält den Knorpel elastisch und unterstützt dadurch die Ge-lenkfunktion. Auch Teufels-kralle und L-Carnitin unter-stützen die Regeneration des Knorpels und fördern die Funktion der Skelettmusku-latur. Zum Schutz vor Zell-schädigung werden das Spu-renelement Selen und auch Vitamin C zugesetzt. Diese Substanzen können ein ar-throtisch verändertes Gelenk natürlich nicht erneuern, aber Sie lindern durch bes-sere Ernährung des Gelenk-knorpels Schmerzsymptome und reduzieren damit auch

Lahmheiten. Voraussetzung ist allerdings, dass sie dauerhaft gefüttert werden.

Für Nieren und Verdauungstrakt

Neben der Diät bei altersbedingter Nierenschwäche (siehe S. 86) sei hier ein besonderes Ergänzungsfuttermittel (Ipakitine) erwähnt. Es enthält zum einen Chitosan, das Giftstoffe bindet, die durch die eingeschränkte Nierenfunktion nicht mehr ausgeschieden werden können. Zum anderen wird durch einen Phosphatbinder die gefährliche Anreicherung von Phosphat über die Nahrung reduziert. Ein geringerer Phosphatspiegel wirkt sich positiv auf die Nierenfunktion aus und verlängert die Über-

lebenszeit von Hunden mit chronischer Nierenschwäche. Bei alten Hunden mit häufigen Magen- und Darmproblemen sollte die allgemeine Schonkost mit Heilerde ergänzt werden. Heilerde bindet Darmgifte aller Art. Sie hilft bei Störungen der Magen- und Darmtätigkeit und reguliert die Verdauung. Die Eingabe von Arzneimitteln sollte jedoch nicht zusammen mit Heilerde erfolgen, da möglicherweise die Wirkung reduziert ist.

Wenn die Spaziergänge ruhiger werden ...

Ihr alter Hund ist müde geworden. Natürlich möchte er trotzdem immer noch regelmäßig zum Spaziergang nach draußen, um ein wenig zu schnuppern und natürlich sein Geschäft zu erledigen. Aber er ermüdet sehr schnell, denn Herz und Kreislauf sind wesentlich schwächer geworden. Trotz Behandlung strengt

ihn körperliche Belastung deutlich an. Rücken und Gelenke funktionieren auch nur noch eingeschränkt und beginnen schnell zu schmerzen.

Der Senior gibt das Tempo vor

Passen Sie Lauftempo und Wegstrecke unbedingt seiner körperlichen Verfassung an und überfordern Sie ihn nicht. Ein ruhiges Spiel oder einige Erziehungsübungen können Sie in den Spaziergang einbauen, um ihn geistig zu fordern. Außerdem werden manche Hunde ausgesprochen stur und gehorchen nur noch jedes 3. Mal. Kleine Erziehungsübungen, die körperlich nicht anstrengen, sind wie Vokabeln zu wiederholen. Sie festigen bekannte Lektionen und stärken die Verbindung zwischen Ihnen und Ihrem Hund. Auch wenn Sie gerne wie früher 1 Stunde mit Ihrem Hund laufen würden, nehmen Sie Rücksicht auf seine Schwächen. Wenn es Ihnen schwer fällt, weil Ihr Hund am Anfang des Spaziergangs so fit war, rechnen Sie mal kurz nach, wie alt er eigentlich ist. 7 mal 13 Hundejahre wären beispielsweise stattliche 91 Jahre. Wollen Sie in die-

Resümee

Altersbedingte Beschwerden können durch Nahrungsergänzungsmittel positiv beeinflusst werden. Sie sollten jedoch wie jedes Medikament speziell für Ihren Hund zusammengestellt werden. Besprechen Sie Art und Dauer der Nahrungsergänzung mit Ihrem Tierarzt, ebenso die Kombination mit Arzneimitteln, die Ihr Hund im Alter benötigt. Wechselwirkungen mit Medikamenten sollten immer berücksichtigt werden.

Die Spaziergänge mit einem alten Hund werden wesentlich ruhiger. Gehen Sie öfter am Tag, um die steifen Gelenke viel zu bewegen.

unsicher wird, sollten Sie nur die gewohnten Spazierwege nehmen, die auch möglichst weit weg von belebten Straßen liegen. Fahren Sie mit dem Auto zu diesen Spazierwegen hin und verkürzen Sie so die Laufstrecke. Er erkennt auch mit reduzierter Sicht und schlechterem Gehör seine gewohnten Wege und fühlt sich dort wohl.

Meine Hündin, die im Urlaub schwer erkrankte und gar nicht mehr laufen konnte, machte zu Hause auf ihrem gewohnten Spazierweg wieder die ersten Schritte und erholte sich von Tag zu Tag. Sie brauchte die Sicherheit durch die bekannte Umgebung, um den Mut zu bekommen, wieder zu laufen.

Weniger ist oft mehr

Auch Kontakte mit fremden Hunden sollten Sie möglichst meiden. Ein alter Hund hat gegen einen kräftigen Junghund altersbedingt keine Chance, und er möchte auch nicht mehr spielen. Gegen gewohnte Hundegefährten, die Ihrem Hund seine Ruhe lassen und nicht ständig spielen wollen, ist dagegen nichts einzuwenden. Sie helfen ihm vielmehr, sich zu orientieren, und übernehmen

sem Alter noch lange spazieren gehen? Also lassen Sie ihn bestimmen, wie weit er gehen möchte, denn er kann uns ja nicht sagen, wo es heute gerade zwickt und

schmerzt. Morgen kann das schon wieder anders sein. Da ein alter Hund auf Grund seines eingeschränkten Sehvermögens und auch des schlechteren Gehörs häufiger

Resümee

Spaziergänge mit Ihrem alten Hund machen ihm nur Spaß, wenn Sie seine Bedürfnisse und seine körperlichen Schwächen berücksichtigen. Wenn Sie ihn überfordern, hat er danach meistens starke Beschwerden, die lange behandelt werden müssen und oft bleibende Schäden hinterlassen. Horchen Sie auf Ihren Hund und respektieren Sie sein Ruhebedürfnis. Er spürt meistens, wie viel er sich zumuten kann, außer wenn die Nachbarskatze oder ein fremder Hund ihn ärgern. Da vergisst er häufig seine müden Knochen. Schreiten Sie in solchen Fällen behutsam ein.

manchmal sogar eine gewisse Beschützerrolle.

Bleiben Sie mit Ihrem Hund auf jeden Fall beim gewohnten Lebensrhythmus, auch wenn die Ausruhphasen durch sein zunehmendes Alter immer länger werden. Die gewohnten Lebensstrukturen und die gewohnte Umgebung geben ihm im Alter den nötigen Halt und Sicherheit. Da die Leistungsfähigkeit seines Körpers und seiner Sinnesorgane nachlässt, ist diese Sicherheit sehr wichtig für ihn.

Ein ruhiges Plätzchen auf einer weichen Decke im Garten ist eine Wohltat. Die Sonne wärmt die verspannten Muskeln.

Geistig fordern durch schonendes Spielen

Viele ältere Hunde möchten sich noch genauso beschäftigen wie in jungen Jahren.

Das führt oft dazu, dass wir ihre Fähigkeiten und ihre Kondition falsch einschätzen und sie unbewusst überlasten. Meist stellt sich erst zu Hause nach dem Toben mit dem Nachbarhund oder der Jagd einer Katze heraus, dass Ihr Hund lahmt oder Schwierigkeiten beim Aufstehen hat. Fast immer erzählen mir die Besitzer, dass ihr Hund am Vortag unkontrolliert losgerannt ist oder lange getobt hat, wenn sie mit starken Beschwerden zu mir kommen. Im Kopf ist er ja noch so fit wie früher, nur sein Körper macht nicht mehr mit. Auch Hunden fällt es schwer, das einzusehen. Aber es hilft nichts!

Nicht zu wild!

Bevor Ihr Hund nach solchen Sünden wochenlang streng

geschont und behandelt werden muss, vermeiden Sie lieber solche Fehler. Das heißt, alle Spiele, die Gelenke, Knochen und Sehnen sowie Herz und Kreislauf stark belasten, sind verboten. Das sind alle Werfspiele, Ball- und Frisbee-Spiele, Zerrspiele mit Tau oder Stock, Jagen und Toben, Sprünge über Hindernisse und natürlich auch die Begleitung beim Sport. Was bleibt denn dann noch übrig, werden Sie fragen. Muss ich denn alle Spielsachen wegräumen? Nein, selbstverständlich darf Ihr Hund weiterhin mit seinem Tau oder Ball spielen – aber anders als früher.

Neue Herausforderungen

Alle Spielsachen können Sie wunderbar verstecken, entweder einzeln oder auch mehrere Spielsachen gleichzeitig. Suchspiele mit Spielsachen kennt Ihr Hund von früher. Wenn nicht, dann üben Sie Suchspiele wie beim Welpen mit einem gut riechenden Leckerli, das unter dem Spielzeug liegt. Helfen Sie ihm am Anfang, bis er versteht, worum es geht. Die Belohnung für die erfolgreiche Suche sind das Leckerli

und ein großes Lob von Ihnen. Üben Sie zuerst immer mit dem Lieblingsspielzeug, dessen Namen Ihr Hund kennt. Je interessierter Ihr Hund an dem neuen Spiel ist, desto mehr unterschiedliche Spielzeuge können Sie verwenden. Er muss jedoch vorher gelernt haben, zwischen Ball, Stock oder Seil zu unterscheiden. Das erreichen Sie am besten durch Apportierübungen mit den jeweiligen Spielsachen. Aber Sie dürfen die Spielsachen nicht wie früher werfen, sondern Sie legen sie erst einzeln in sichtbarem Abstand vor Ihrem Hund ins Gras.
Auf das entsprechende Kommando »Bring den Ball!« muss er Ihnen den Ball bringen. Sobald er den Namen der einzelnen Spielsachen kennt, steigern Sie die Schwierigkeit und legen Ball, Stock und Seil ins Gras. Nun soll er nur das Spielzeug holen, das Sie von ihm wollen. Die anderen Spielsachen muss er liegen lassen. Sie können die Zahl der Spielsachen endlos erhöhen und die Lernbereitschaft Ihres Hundes bis ins Alter fördern, da dieses Spiel den Körper nicht belastet. Ein wahrer Champion auf diesem Gebiet, ein

Hinter dem Stock herlaufen geht nicht mehr, aber man kann ihn wie früher tragen.

hochintelligenter Border Collie, trat in der Fernsehsendung »Wetten, dass ...?« auf. Er konnte trotz Stress durch Kameras und Publikum damals 70 verschiedene Spielsachen unterscheiden! Auch Sie können sich beim Spaziergang immer wieder verstecken. Ihr Hund hat im Laufe der Jahre sicher gelernt, sich auf Kommando hinzulegen und auch liegen zu bleiben. Wenn er dabei ständig aufsteht, müssen Sie dieses Kommando zunächst im Garten üben und dann beim Spaziergang wiederholen. Wenn er gehorcht, entfernen Sie sich und verschwinden hinter einem Stadel oder einem Gebüsch aus seinem Gesichtsfeld. Ein kurzer Ruf und das Kommando »Such!« zeigen ihm, worauf es ankommt. Durch schwierigere Verstecke können Sie das Spiel immer anspruchsvoller gestalten. Auch hierbei darf ein großes Lob nicht fehlen, wenn er Sie gefunden hat.

Wenn Leistungssportler alt werden

Ein leidenschaftlicher Agility-Sportler darf auch im Alter noch einige Übungen machen, aber er darf keine Sprünge, die den Bewegungsapparat belasten, ausführen. Das gesamte Training sollte wesentlich ruhiger als früher durchgeführt werden, was bei temperamentvollen Hunden im Alter manchmal etwas schwierig ist. So kann Ihr Hund durch den Tunnel laufen oder auf einem rutschfesten Balken balancieren. Auch die Slalomläufe sind in Ordnung, wenn der Abstand der Stangen deutlich

vergrößert wird, damit der Rücken geschont wird. Findet Ihr Hund diesen vereinfachten Parcours zu langweilig, bauen Sie zusätzliche Übungen ein, bei denen die Unterordnung gefordert wird. Lassen Sie Ihren Hund beispielsweise aus dem Laufen heraus auf Kommando »Platz!« gehen oder senden Sie ihn ein Stück voraus, um ihn in einiger Entfernung abliegen zu lassen. Diese Übungen sollte Ihr Hund schon in jüngeren Jahren gelernt haben. Ganz neue Befehle zu

erlernen ist im Alter sehr mühsam und auch nicht notwendig. Es reicht, wenn Sie bereits bekannte Kommandos wiederholen und ihn so zum Nachdenken anregen und seine Konzentrationsfähigkeit fördern.

Leichte Übung, volles Lob

Kleine Geschicklichkeitsübungen wie das Balancieren auf einem breiten Baumstamm oder das Durchlaufen einer Röhre können Sie ebenfalls mit einem alten

Pfotegeben mit Leckerli kann man auch im Alter. Mit kleinen Kunststücken können Sie Ihren Hund beschäftigen und geistig fordern.

Hund üben, da sie seine Geschicklichkeit und seinen Mut fördern.

Wenn er freudig jedes Spiel und jede Übung mitmacht, können Sie ihn bei jedem Spaziergang etwas fordern. Er möchte ja oft noch etwas leisten und genießt Ihr Lob und Ihre Anerkennung. Nach 10 Minuten darf er dann wieder entspannt laufen und schnuppern, denn diese Übungen sollen ihm Spaß machen, ohne ihn anzustrengen. Ruhige Entspannungsphasen sind für ihn wichtiger als bei einem jungen Hund. Filou, ein Appenzellerrüde, war ein leidenschaftlicher Begleiter seines Frauchens bei ihren Reitausflügen. Er ist jetzt ein wahrer Greis mit stattlichen 16 Jahren und hat Herzprobleme, die behandelt werden. Jedes Mal, wenn

sein Frauchen ihre Reithosen anzog, freute er sich auf einen Ausflug mit Pferd. Er war bitter enttäuscht, wenn sie ihn nicht mitnahm. Seine Besitzerin wollte ihm noch einmal diese Freude machen und nahm ihn auf einen kurzen Reitausflug mit. Sie beschrieb seine Freude, wie er stolz die ersten Meter vor dem Pferd lief wie in jungen Jahren. Obwohl sie ganz langsam im Schritt ritt, wurde er freilich schnell müde, sodass sie nach kurzer Zeit wieder umkehrte. Doch ihr Hund war überglücklich, wie früher dabei gewesen sein zu dürfen.

Auch kleine Runden mit dem Fahrrad sind für alte Hunde möglich. Sie sollten aber jederzeit abbrechen können, wenn Sie feststellen, dass er ermüdet.

Tipp

Bei allen Übungen, die Ihr alter Hund ausführen soll, muss seine körperliche Verfassung berücksichtigt werden. Wie gut sind sein Sehvermögen und sein Gehör, kann er Sie verstehen? Kann er sich noch gut konzentrieren oder ist ihm jede Übung oder jedes Spiel zu viel? Diese Fragen müssen Sie sich immer wieder stellen.

Resümee

Auch Hundesenioren möchten häufig beschäftigt werden, da sie geistig noch fit sind. Durch kleine Spiele, die den Körper nicht stark belasten, und durch das Wiederholen von früher gelernten Übungen wird sein Selbstbewusstsein gestärkt. Er genießt das Gefühl, dass er noch etwas richtig gut macht, und liebt die Anerkennung seines Besitzers. Erst im hohen Alter lässt die Begeisterung zu spielen deutlich nach, und er will nur noch seine wohlverdiente Ruhe.

Widmung

Dieses Buch widme ich meinen beiden Hündinnen Cara und Lena, die mich viele Jahre begleiteten und mir unendlich viel Freude während der gemeinsamen Zeit gemacht haben.

Danksagung

Mein besonderer Dank gilt meinen Freunden, die mich bei der Arbeit ermutigten, besonders Andrea, ohne die ich die Tücken des Computers niemals bewältigt hätte.

Die Autorin

Dr. Gisela Fritsche arbeitet seit über 20 Jahren in ihrer Tierarztpraxis für Kleintiere. Sie legt besonderen Wert darauf, dass ihre Tierpatienten trotz ihrer Angst Vertrauen zu ihr aufbauen. Dies gelingt nur mit viel Verständnis für die unterschiedlichen Verhaltensweisen ihrer Patienten. Als Hundebesitzerin und Tierärztin hat sie über viele Jahre Erfahrungen mit Hunden gesammelt. Ein artgerechter Umgang mit ausreichender Beschäftigung sowie eine klare Erziehung sind für Gisela Fritsche die Grundlagen für eine harmonische Beziehung zwischen Mensch und Hund.
Seit 1997 berät sie Tierbesitzer im bayerischen Rundfunk in ihrer Tiersprechstunde.

Adressen kynologischer Fachverbände

Verband für das Deutsche
Hundewesen
VDH e.V.
Westfalendamm 174
44141 Dortmund
Tel. 0231/56 50 00
Fax 0231/59 24 40
info@vdh.de
www.vdh.de

Schweizerische Kynologische
Gesellschaft
SKG
Länggassstr. 8
CH-3001 Bern
Tel. 0041 (0) 31/306 62 62
skg@hundeweb.org
www.hundeweb.org

Österreichischer
Kynologenverband
ÖKV
Siegfried Marcus-Str. 7
A-2362 Biedermannsdorf
Tel. 0043 (0) 22 36/710 667
office@oekv.at
www.oekv.at

Fédération Cynologique
International
FCI
Generalsekretariat
Place Albert 1er, 13
B-6530 Thuin, Belgien
Tel. 0032 (0) 71/59 12 38,
Fax 0032 (0) 71/59 22 29
info@fci.be
www.fci.be

Weiterführende Literatur

BECKMANN, GUDRUN: Der Große Hunde-Knigge, Kynos Verlag, 1987

BECVAR, WOLFGANG: Naturheilkunde für Hunde, Kosmos Verlag, 2003

HAAG, GABY: Das koche ich meinem Hund … weil er's mir wert ist, BLV Verlag, 2004

HAAG, GABY: Naturheilpraxis für Hunde, Kynos Verlag, 2004

KÖPPEL, ULI: Welpen richtig erziehen, BLV Verlag, 2005

VON DER LEYEN, KATHARINA: Das Welpenbuch, BLV Verlag, 2007

VON DER LEYEN, KATHARINA: Charakter-Hunde, BLV Verlag, 2004

LIND, EKARD: Hunde spielend motivieren, Naturbuch Verlag, 1998

LUDWIG, CLAUDIA: Mit dem Hund in den Urlaub, Falken Verlag, 1998

NAREWSKI, UTE: Welpen brauchen Prägungsspieltage, Verlag Oertel + Spörer, 1996

REITER, FREDERICK: So erzieht man seinen Hund zum Hausgenossen, Albert Müller Verlag, 1982

SCHEFFER, MECHTHILD: Bachblütentherapie, Theorie und Praxis, Wilhelm Heyne Verlag, 2000

SCHULTE-WÖRMANN, DIETER: Mit Hund und Pferd unterwegs, Franckh-Kosmos Verlag, 1996

STERN, HORST: Sterns Bemerkungen über Hunde, Kindler Verlag, 1971

TELLINGTON-JONES, LINDA U. TAYLOR, SYBIL: Der neue Weg im Umgang mit Tieren, Kosmos Verlag, 2005

WEGMANN, ANGELA: Freizeit-Spaß mit Hunden, BLV Verlag, 2001

WEGMANN, ANGELA: Hunde richtig halten, BLV Verlag, 2006

QUINTEN, DR. MED. VET. DORIS: Gesundheits-Ratgeber Hunde, BLV Verlag, 2006

ZIMEN, ERIK: Der Hund, Abstammung – Verhalten – Mensch und Hund, C. Bertelsmann Verlag, 1988

Register

Aggression 12, 97
Agility 61
Allergien 87
Altersbeschwerden 118
Angst 70, 97
Angstzustände 67
Apis 95
Arnica 94
Augenpflege 28, 29
Augenverletzungen 92
Ausbilder 63
Autofahren 67

Bachblüten 95
Baden 26
Balancieren 46
Baldrian 75
Beruhigungsmedikamente 75
Beruhigungs-Pheromone 69, 74, 75
Besänftigung 8
Beschäftigung 19, 20, 24
Beschwichtigungssignale 14, 15, 16
Brustgeschirr 100

Chondroitinsulfat 82, 85, 117
Cocculus 69, 95
Crataegus 94

Distanz 10, 11
Dominanz 12
Drohen 10

Echinacin 94
Entzündungen 91
Ergänzungsfutter-mittel 81
Erkältungskrank-heiten 90
Ernährung 77
Ernährungszustand 77

Fahrradfahren 56
Fahrtraining 68
Fasten 86
Fellpflege 24
Fettsäuren 88
Fieber 91
Filzknoten 25
Fleischmehle 79
Fleischneben-produkte 79
Fremdkörper 109
Futtersorten 77

Gemüse 78
Genesung 97
Grauer Star 113
Grundkommandos 21

Halsband 99, 102
Hauttumoren 144
Herzerkrankung 115
Hitzschlag 55, 91
Homöopathische Arzneimittel 93
Hopfen 75
Hundeschule 62
Hundesportarten 61
Hundetrainer 65, 73

Imponiergehabe 11

Jodsalbe 51, 92
Joggen 54
Joghurt 79, 85, 86

Körpersprache 7, 8, 13
Komm 111
Kommandos 100
Konfliktvermeidung 10
Konsequenz 21, 64
Kunststücke 23

Leckerlis 82
Leine 99, 100, 101, 102
Lernbereitschaft 97

Magen-Darm-Probleme 85, 90
Massage 31
Maulkorb 73
Mutproben 47, 50

Nahrungsergänzungs-mittel 117
Nierenerkrankungen 86, 117
Nordic Walking 54
Nux vomica 69, 95

Obedience 61
Ohrenpflege 29

Pfotenschutz 52
Problemhunde 65

Quark 79, 85, 86

Rangfolge 19
Rangordnungs-verhalten 14
Reiten mit Hund 60
Rückzug 17

Schneefressen 40, 59
Sitz 111
Skilanglauf 58, 59
Spaziergänge 44
Spiele mit Hund 35
Spielaufforderung 11
Springen 46, 47
Stubenreinheit 108
Suchspiele 42, 43

Tellington TTouch 31, 33
Teufelskralle 85
Tierarzt 70
Tierarztbesuch 70
Transportbox 67, 68
Trauer 97
Trockenfutter 78, 79

Unterordnung 10
Unterwerfung 10

Verfilzung 25
Verletzungen 92
Verlust 97
Versteckspiele 42, 107

Wanderungen mit Hund 50, 51
Welpenspielgruppen 10, 105
Wunden 92

Zähne 114
Zahnfleischschwund 114
Zahnpflege 30, 31
Zurückziehen 16

Bibliographische Information der Deutschen Bibliothek
Die Deutsche Bibliothek verzeichnet diese Publikation in der Deutschen Nationalbibliographie;
detaillierte bibliographische Daten sind im Internet über http://dnb.ddb.de abrufbar.

BLV Buchverlag GmbH & Co. KG
80797 München

© 2007 BLV Buchverlag GmbH & Co. KG, München

Das Werk einschließlich aller seiner Teile ist urheberrechtlich geschützt. Jede Verwertung
außerhalb der engen Grenzen des Urheberrechtsgesetzes ist ohne Zustimmung des Verlags
unzulässig und strafbar. Das gilt insbesondere für Vervielfältigungen, Übersetzungen,
Mikroverfilmungen und die Einspeicherung und Verarbeitung in elektronischen Systemen.

Bildnachweis
Fritsche: S. 1, 51
Fahrbach: S. 37, 109, 116, 124
Haag: S. 80, 87
Ipo Bildagentur: S. 14, 29, 31, 49, 53, 55, 64, 68, 71, 75, 78, 88, 93
Juniors Tierbildagentur: S. 4, 5, 8, 11, 13l, 16, 18, 19, 20, 210, 22, 25, 27, 34, 38, 39, 43, 44, 46, 47,
52, 54, 60, 66, 72, 74, 76, 79, 82, 85, 89, 91, 92, 94, 103, 104, 106, 107, 111, 114, 115, 120, 121
Juniors Tierbildagentur/S. Freiburg: S. 40
Kompatscher: S. 32, 33, 36, 41, 48, 56, 126
Schanz: S. 9u, 21u, 50, 57, 59, 61, 96, 100, 122
Stuewer: S. 2/3, 6, 9o, 10, 12, 13r, 23, 30, 35, 45, 62, 63, 83, 98, 108, 112, 119
Winter: S. 70

Umschlaggestaltung: Anja Masuch, Fürstenfeldbruck
Umschlagfotos:
   Vorderseite: C. Steimer
   Rückseite: Archiv Boischle

Lektorat: Dr. Friedrich Kögel, Dr. Eva Dempewolf
Herstellung: Angelika Tröger
Layoutkonzept Innenteil: Sabine Fuchs, fuchs_design, Ottobrunn
DTP: Satz+Layout Peter Fruth GmbH, München

Gedruckt auf chlorfrei gebleichtem Papier

Printed in Germany
ISBN 978-3-8354-0224-9

Eine kleine Auswahl aus unserem Programm

Siegfried Schmitz
Hunde – die populärsten Rassen
Den richtigen Hund finden –
die beliebtesten Hunderassen
im Porträt: Geschichte, Cha-
rakter, Haltung, Pflege; auf
einen Blick: Aussehen, Eig-
nung als Familienhund sowie
zur Stadthaltung, Krankheits-
anfälligkeit.
ISBN 978-3-8354-0143-3

Katharina von der Leyen
Braver Hund!
Viel Spaß beim Lesen und
Üben: Hunde spielend leicht
erziehen mit täglichen 10-
minütigen Kurzlektionen; das
Basiswissen zur Hundeerzie-
hung mit Illustrationen, die
humorvoll die beschriebenen
Situationen visualisieren.
ISBN 978-3-8354-0156-3

Angela Wegmann
Hundetricks
Spaß und Spiel für clevere
Hunde: nützliche Aufgaben,
die besten Tricks und kleine
Kunststückchen für geschickte
Nasen und Pfoten – mit span-
nenden Einblicken in die
Profi-Arbeit der Filmhunde-
Trainerin.
ISBN 978-3-8354-0223-2

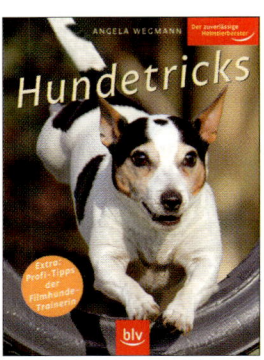

Gisela Fritsche
So fühlt mein Hund sich wohl
Was Hunde gesund hält und
glücklich macht; die Körpersprache des Hundes verstehen
lernen, mit sanften Methoden
Beschwerden lindern, Wohl-
fühl-Spiele, der richtige Umgang mit Welpen und älteren
Hunden.
ISBN 978-3-8354-0224-9

Katharina von der Leyen
Das Welpenbuch
Das umfassende Praxisbuch –
Lesevergnügen pur: den richti-
gen Welpen finden, Rassen,
Züchter, Auswahlkriterien;
Entwicklung des Welpen,
Grunderziehung, Fütterung
und Pflege; Welpen und Kin-
der, Spiele, Gesundheits-
vorsorge, Impfungen.
ISBN 978-3-8354-0237-9

Die zuverlässigen Berater

BLV Bücher bieten mehr:

- mehr Wissen
- mehr Erfahrung
- mehr Innovation
- mehr Praxisnutzen
- mehr Qualität

Denn 60 Jahre Ratgeberkom-
petenz sind nicht zu schlagen!

Unser Buchprogramm umfasst rund 800 Titel zu
den Themen **Garten · Natur · Heimtiere · Jagd ·
Angeln · Sport · Golf · Reiten · Alpinismus ·
Fitness · Gesundheit · Kochen.** Ausführliche
Informationen erhalten Sie unter **www.blv.de**

BLV Buchverlag GmbH & Co. KG
Lothstraße 19 · 80797 München
Postfach 40 02 20 · 80702 München
Telefon 089/12 02 12-0 · Fax -121
E-mail: blv.verlag@blv.de

MEHR ERLESEN!